日本クラフトビール紀行

友清 哲

イースト新書Q

Q019

はじめに

今日では当たり前のように浸透している「地ビール」という言葉が生まれたのは、今からほんの20年ほど前のことだ。具体的には、１９９４年の酒税法改正によってビールの小規模醸造が可能になり、それを契機に続々と参入した事業者たちの手によって、日本に「クラフトビール」というジャンルが新たに誕生した。この際、各地のブルワーたちが、地域色を押し出しつつローカルブランドを展開し始めたのが、地ビールの起こりである。

ビールといえば、ぐいっと喉越《のどご》しで味わう爽快な飲み物と相場が決まっている、はずだった。ところが、従来の発想に囚われることなく醸《かも》される多くのクラフトビールは、それまで大手メーカーが造るラガーに慣れ親しんだ我々に、時にじっくりと香りを愉《たの》しみ、時にゆっくりと味わう新たな選択肢を与えてくれた。

言うなれば、今まで四の五の言わずに「とりあえずビール」でよかったものが、クラフトビールの台頭により、エールやスタウト、ヴァイツェンなど多くのバリエーションが提供され、必ずしも「とりあえず」オーダーするものではなくなり、メニューを熟読してセ

著者紹介
水野 操〈みずの みさお〉
有限会社ニコラデザイン・アンド・テクノロジー代表取締役。一般社団法人3Dデータを活用する会（3D-GAN）理事。1990年代のはじめから、CAD/CAE/PLMの業界に携わり、大手PLMベンダーや外資系コンサルティング会社で製造業の支援に従事。2004年にニコラデザイン・アンド・テクノロジーを設立後は、独自製品の開発の他、3Dデータを活用したビジネスの立ち上げ支援、CAD/CAM/CAE/PLMツールや3Dプリンターの導入支援も積極的に行う。著書に『あと20年でなくなる50の仕事』（青春出版社）、『デジタルで起業する！』（かんき出版）などがある。

人工知能《じんこうちのう》は私《わたし》たちの生活《せいかつ》をどう変《か》えるのか

青春新書 INTELLIGENCE

2016年10月15日　第1刷

著者　水《みず》野《の》　操《みさお》

発行者　小澤源太郎

責任編集　株式会社プライム涌光
電話　編集部　03(3203)2850

発行所　東京都新宿区若松町12番1号 〒162-0056　株式会社青春出版社
電話　営業部　03(3207)1916　振替番号　00190-7-98602

印刷・中央精版印刷　製本・ナショナル製本

ISBN978-4-413-04497-4

レクトするものに昇華《しょうか》したのだ。

ところが、クラフトビール解禁は間違いなく日本の酒文化を豊かにしてくれたものの、初期にはまだ技術やノウハウが足りていなかったようだ。そのため、確固たる市場を築くには至らず、ブームも一度は消沈。それが再び息を吹き返し、こうして多くのファンの支持を得るに至ったのは、ひとえに日本が誇るブルワーたちの努力と研鑽《けんさん》の賜物《たまもの》である。

クラフトビール造りをビジネスとして考え、新規事業の一端とするブルワーもいれば、町おこしのための有力な材料として語るブルワーもいる。

現在のクラフトビールブームが創りだされた背景に迫るため、本書では旅とビールをセットで捉え、各地のブルワーを訪ねてまわった。

背景にある事情と物語を知ることで、ビールはさらに旨くなる。そして、訪れた旅先の景色を楽しむがごとく、その土地のビールを堪能することは、この時代ならではの新しい醍醐味と言える。ぜひ、そこに込められた〝想い〟と一緒に満喫してほしい。

友清　哲

● 目次

クラフトビールの夜明けを探る

神奈川県厚木市・サンクトガーレン有限会社

酒税法改正により、それまで２０００キロリットルを最低製造数量としていた規制が、60キロリットルに緩和されたのが１９９４年のこと。限られた大手メーカーの独壇場《どくだんじょう》であったビール市場が、小規模事業者にも解放され、日本のクラフトビールは夜明けを迎えた。

こうした動きの背景に、ある1人のブルワーの存在が大きく関わっているのは有名な話である。今日では国産クラフトビールの元祖として名高い、サンクトガーレン有限会社の岩本伸久《いわもとのぶひさ》さんだ。

国内ではマイクロブルワリーの存在が許されていなかった時代に、アメリカでビール造りを始めた岩本さん。その手によって生み出されたビールは、やがて高い評価を得るようになり、海の向こうでの名声がそのまま日本に規制緩和を求める外圧となった――というのが、日本のクラフトビールに〝夜明け〟をもたらす粗筋《あらすじ》である。

ここ数年、クラフトビールは急速に存在感を増している。ビアフェスやオクトーバーフェストといったイベントが定着し、全国各地に様々な地ビールが繚乱《りょうらん》。店内でビールを醸造して提供するブルーパブも増加の一途であるし、ついにはスーパーやコンビニで手に入る銘柄も現れた。

そこで、まずは序章として、岩本さんの半生を振り返りながら、クラフトビールブームの足元をおさらいすることから始めたい。

〝毎日大瓶600本〟という最低ライン

出身は福岡県。もともと祖父の代から種鶏場《しゅけいじょう》を営む実業家一族で、岩本さんの父親は種鶏用のワクチンを輸入販売する商社を営んでいた。

「ところが私が高校生の頃、父が『香港で出会った飲茶《やむちゃ》が素晴らしかった。これをぜひ、日本でも広めたい』と商売替えを思い立ち、厚木に飲茶工場を造りました。それまでのメイン事業であったワクチンの世界は厚生省による締め付けが厳しく、何かと不自由な思いを強いられていたため、ちょうどこれに変わる事業を模索していたところだったんです。当時はバブル景気の真っ最中だったこともあり、飲茶店の経営は順調に運び、気がつけば30店舗にまで事業規模は拡大していました」

この家業に岩本さんが合流するのは、大学卒業後のこと。ちょうどサンフランシスコに店舗を出す計画が具体化していたことから、岩本さんは社会に出ると同時に、日本とアメリカを行き来する日々が始まった。

「しかし、ほどなくバブルが弾けます。飲茶店もその影響を受け、経営は徐々に悪化していきました。そんなある時、たまたまエールビールを飲む機会があり、衝撃を受けたんです。もともとさほどビールが好きなほうではなかったのですが、日本で飲まれているラガービールとはまったく違う、華やかな味わいに心底驚かされました。アメリカにはマイクロブルワリー（小規模醸造所）という形態があることも知り、ぜひこうした事業を自分でもやれないかと、イメージを膨らませていきました」

当時、日本ではほとんど知られていなかったエールビール。これを事業化したというのは、実父の夢でもあったという。

ビールは発酵過程の酵母の働き方により、大まかに2種類の製法に分けられる。10度前

“クラフトビール解禁”を勝ち取った岩本さん。今日の盛り上がりを見るにつけ、サンクトガーレンの功績は大きいと実感させられる

後の低温で、時間をかけて発酵させる手法を、酵母がタンクの底に沈殿することから「下《か》面《めん》発酵」と呼ぶ。これで造られたのが、長らく日本で主流となっていたラガービールで、スッキリとシンプルな味わいに仕上がるのが特徴だ。

一方、20度前後の高温で、短時間で発酵させる手法を、液面に酵母の層ができることから「上面《じょうめん》発酵」と呼ぶ。こちらはフルーティーな香りを備えた個性的な味わいを持ち、岩本さんが感銘を受けたエールビールはこの手法で造られたものである。

「しかし、ビールを造って売ろうというのは、まだまだ非現実的な発想でした。当時の最低製造数量は2000キロリットル。これは毎日、大瓶で600本以上を売り続けなければならない膨大な量です。とてもじゃないけど、私たちの資本でやれる事業ではありませんでした」

規制との軋轢《あつれき》を避けて立ちまわっていたはずが、再び規制に行く手を阻《はば》まれることになるのは、なんとも皮肉な現実である。

「日本はなぜ、イワモトにビールを造らせないのか!?」

しかし、持ち前のバイタリティの賜物か、それとも生来の楽観主義によるものか、岩本さん親子はめげずにビールの事業化に向けて邁進する。

「日本で造ることができないなら、アメリカで造って日本に持って行く、〝逆輸入〟の手法を取ればいい。そう考えて、サンフランシスコの店舗の一角でビール造りを始めてみることにしました。それに、飲茶は月に一度食べればそこそこ満足してしまうでしょうけど、ビールは毎日飲んでも飽きないもの。商売的にも旨味があるのではないかという、浅はかな狙いもありました」

これが1993年のことである。果たして、まだまだブルワーとしては駆け出しであったはずの岩本さん親子だが、詳しい知人にアドバイスをもらいながら仕込んだエールビールの評判は上々だった。

場数を踏むたびにクオリティは上がり、やがて飲茶を目当てに訪れる客や、友人知人の口コミにより、これが知る人ぞ知る人気商品となる。

しかし、だからといって、それがそのまま日本市場で受け入れられるかというと、少なからず不安があったと岩本さんは振り返る。なにしろ、日本のビール党はラガービールに慣れきっている。毛色の異なるエールビールにどのような反応を示すのかは、まったくの未知数だった。

そこでまず、ノンアルコールビールを造って六本木の自社店舗で試験販売してみることに。アルコール飲料でなければ酒造免許は不要であるから、これは機転の利いた発想だったと言える。

その結果、「ぼちぼち」の反響を得たと岩本さんは言うが、ただでさえコスト面でハンデの大きいクラフトビール。輸送費なども踏まえれば、よほど爆発的なヒットに恵まれないかぎり事業にはなり難い。アメリカで着々と評価を高める反面、岩本さんは大きなジレンマと戦っていたのだ。

ところが。アメリカが様々な分野で日本に市場開放を迫っていた当時、こうして岩本さんが名を馳《は》せることで、思いがけない反応が起きた。現地のジャーナリズムが、「なぜ日本は、これほど優れたブルワーの仕事を奪うのか?」「なぜ、イワモトにビールを造らせないのか!?」と騒ぎ立て始めたのだ。

メジャーな経済誌が、日本の産業規制の象徴として岩本さんを取り上げ、日本の経済政策を批判する。そして、そうした騒ぎが日本のメディアにも飛び火し、ついには行政を動かすことになるのだから痛快だ。

クラフトビール、解禁！

1994年月。ついに酒税法が改正され、ビールの最低製造数量はそれまでの2000キロリットルから60キロリットルに緩和されることになる。日本における事実上のクラフトビール解禁の瞬間だった。

晴れて国内でビール造りに取り組める環境が整ったことで、全国にブルワリーが次々に誕生。にわかに地ビールブームが始まった。

しかし、これをもって大団円《だいだんえん》とはいかないのが、ビジネスの厳しいところ。バブル崩壊の煽《あお》りから会社は経営難に陥り、ビールを造り続けることが困難な状況に追い込まれてしまうのだ。次々にコンクールで賞を獲得しながら、岩本さんはブルワーとしての活動危機に直面していたわけだ。

そして、とうとうサンフランシスコから飲茶店の撤退が決まったのを受け、岩本さんは退社を決意。そして、その身ひとつをもって厚木に地ビール工場を設立し、ブルワーとして生きる覚悟を固めたのだ。2002年、岩本さんは事業を法人化。サンクトガーレン有限会社を設立する。

「会社をやめる決心をしたものの、何の取り柄もない自分に、今からいったい何ができるのかと散々悩みました。でも、強いて挙げればビール造りだけは褒めてもらえていたので、だったらこれに専念するしかないだろうと思ったんです。もう銀行が融資してくれる時代じゃなかったので経営は厳しかったですが、自分1人が食えれば十分と考えて、わりと気楽にやっていました。幸い、この頃にはすでに熱心なマニアの方がついていましたから、細々とならば続けていける算段もありました」

社名の由来は、世界最古といわれるスイスの修道院醸造場「ザンクト・ガレン修道院」から

その言葉の通り、独立を果たした後も国際的なコンテストで受賞を果たすなど、岩本さんのビールは高く評価された。

当初、社員は自分一人だったが、ひょんな縁から広報担当の人材を迎え入れると、サンクトガーレンの快進撃に拍車がかかる。

「それまでは、単に造っては売るこ

今では世界中のクラフトビールファンが熱視線を注ぐ存在に。レストランやビアパブで同社の製品に出会う機会は少なくない

とを繰り返すだけで、広報などまったく考えていませんでした。しかし、事前に新商品のプレスリリースを出すなど、戦略的な売り方を意識するようになると、メディアに取り上げられる機会が急増しました。『チョコレートスタウト』や『スイーツビール』が大きな反響を呼んだのも、そうした広報戦略の賜物だったと思います」

次々に人気商品を世に送り出し、各種コンテストにおいても数えきれないほどの受賞歴を誇る今日。自ら切り開いた日本のクラフトビール市場の盛り上がりに、岩本さんは今、何を感じているだろうか。

「まだまだ、クラフトビールは特別な商品です。何かのついでに買って帰るような気軽なものではないし、毎日当たり前のように飲まれるものでもありません。でも、それでいいのではないでしょうか。様々なブルワリーが個性豊かなビールを造っている中で、『こんなにいいビールがあるんだよ』と、他人に教えたくなるビールであれれば最高ですね。これからもその時々の自分の思いをたっぷり込めた、地ビールならぬ〝自〟ビールで勝負していければと考えています」

海外の飲食店では、ビールをオーダーすると「そのビールにする？」と聞かれて当たり前。日本にもそんな時代がやって来つつある。

様々なクラフトビールを思い思いに楽しめるようになった現在だからこそ、時にその背景にある物語に立ち返り、じっくりと噛みしめてほしいものである。

おさえておきたい

ビールの種類

ブルワーたちがそれぞれの思いをたっぷり詰め込んだ多彩さがクラフトビールの醍醐味。そのため個性的なビールが多数登場しているが、とりわけ押さえておきたい基本的な5種類がこちら。本書を読み進める前に頭の片隅に置いていただきたい。

ピルスナー

ホップの苦味を利かせた、淡色のビール。日本で長らく親しまれてきたのがこのタイプ。香りは薄く、癖がないので万人にとって飲みやすい。

● 市販されている銘柄 ●

プレミアムモルツ／一番搾り／スーパードライ　……etc

ペールエール

苦味と香味の利いた、淡色のビール。世界中で高い支持を受けているのがこのタイプで、飲み応えを感じさせつつ、軽快な喉越しを持っている。

● 市販されている銘柄 ●

よなよなエール　……etc

IPA（アイピーエー）

インディア・ペールエールの略称。強いホップの苦味が特徴で、ドライだが華やかな飲み口と、比較的高めに設計されたアルコール度数が特徴。

● 市販されている銘柄 ●

YOKOHAMA XPA ……etc

ヴァイツェン

ドイツ・バイエルン地方を発祥とする白ビール。通常のビールが大麦で造られるのに対し、こちらは小麦を原料に用いるのが特徴。苦味が薄く、清涼感がある。

● 市販されている銘柄 ●

ヒューガルデン・ホワイト／水曜日のネコ ……etc

スタウト

濃厚でホップの苦味をたっぷり利かせた、濃色のビール。これは麦芽を焦がして使用しているためで、喉越しを楽しむよりもじっくりと一口ずつ味わいたい。

● 市販されている銘柄 ●

ギネス ……etc

Japanese
Craft Beer
Journey
PREMIUM QUALITY

近江の幸は近江の酒で――。
いざ、湖北の古都へビアライゼ

滋賀県長浜市・長濱浪漫ビール株式会社

言わずと知れた日本最大の湖、琵琶湖。その北東のほとりに位置する長浜は、江戸時代から明治時代にかけての風情を色濃く残す町並みで、近江随一の観光スポットとしてにぎわっている。本書の主旨である国産クラフトビールを巡る旅、まずは湖国・滋賀から始めていきたい。

古い城址や寺院がいくつも残るこのエリア。とりわけ古い黒漆喰《くろしっくい》の建造物を多く残した風景は、目的なくぶらついていても充実の余暇を与えてくれるはずだ。

ゆっくりと時間が流れるこの町に、1996年からビールを醸すビアレストランがある。その名も『長濱浪漫《ながはまろまん》ビール』。世界に知られるビール天国・ドイツには、ビールを楽しむ旅を意味する「ビアライゼ」という言葉があるそうだが、まさしくそんな目的を携えて訪れても楽しいのが現在の長浜だ。

「長浜エール」や「黒壁スタウト」など地域色豊か

新幹線から在来線を乗り継いで、都心からざっと2時間半の旅。長浜駅から鄙びた住宅街を少し歩いた先に、アーリーアメリカン調に彩られたダイニングレストランが見えてくる。多くのブルワリーと同様に、94年の酒税法改正を受け、地ビール開発とともに開設さ

長浜駅から徒歩10分ほど。今や周辺の人気スポットのひとつである

れたものである。

出迎えてくれたのは、長濱浪漫ビール株式会社の清井崇社長。まずはこのレストランの成り立ちから聞いてみた。

「古い米蔵を改装してレストランをオープンし、ここで『長濱浪漫ビール』を醸造し始めたのがちょうど20年前のことです。オープン当初はやはりこうしたクラフトビールが物珍しかったのか、連日大勢のお客さんがドッとやってきました」

同レストランでは近江牛を使ったメニューが自慢のひとつ。ビールとの相性の良さは言わずもがなで、やってくる観光客が地ビールの登場を歓迎したのは当然だった。

しかし、そんなオープン景気がほどなく収

束すると、3年目以降は年々売上げが低迷していったという。

「一時は最盛期の半分にまで売上げが落ち込みましたが、それでも長浜は年間180万人もの観光客が訪れる場所ですから、団体客を呼び込む工夫をするなどして頑張りました。そうしているうちに、少しずつ客足を取り戻し始め、最近ではボトル売りの外販《がいはん》が非常に好調です」

クラフトビール解禁により、多くの事業者がこの分野に参入したが、玉石混交であった感は否めず、最初の10年は淘汰の時代でもあった。

しかし、そうした厳しい競争を乗り越えるだけのクオリティを備えていた証しなのだろう。『長濱浪漫ビール』は根強いファンと観光客に支えられ、ただ斬新なだけではない、本質的な魅力を広めていった。

そしてもちろん、昨今のクラフトビールブームも追い風となり、いよいよ支持者は全国規模に広がっている。

現在の定番商品は、アメリカ産カスケードホップを用いた「長浜エール」や、ほのかに薫るシトラス香が人気の「長浜ＩＰＡ」を筆頭に、全5種類。ヴァイツェンタイプやピルスナーもフォローされ、多くの観光客を迎えても、あらゆるニーズに応えられる過不足の

古い蔵を改築した店内は、高い天井を生かした立体的な造りで開放感たっぷり。
タンク直注ぎのフレッシュなビールをぜひご堪能あれ

なさを感じさせる。

個人的に印象深いのは、この地域ならではの洒落を利かせた「黒壁スタウト」か。スモーキーな鼻抜けが心地いい、こだわりのビール党を十分に満足させてくれる美味であった。

レストランの眼前には、琵琶湖に注ぐ小川が流れている。かつてここが米蔵だった時代には、これを水路に米を運搬したのだという。

レストランは全140席という大箱で、20年前に親会社の酒販店を大株主に、そして近隣の企業や事業者、さらに100人規模の個人株主の出資を受けて立ち上げられたものである。

なお、大株主は全国に130の店舗を構える大手酒販店「リカーマウンテン」。eコマースに強い酒販店なので、ネット通販を利用する飲んべえの皆さんにとっては、馴染み深いブランドなのではないだろうか。

海外事情に明るい同社のオーナーが、クラフトビール解禁にいち早く反応したのが『長濱浪漫ビール』の始まりだ。解禁後のビール醸造免許取得者としては、近畿で3番手にあたるという。

清井さんは昨今のブームの後押しを前線で体感しながら、現在の気構えを次のように語っ

エールビールの味に衝撃を受け、すぐにビアテイスターの資格を取得したという、長濱浪漫ビールの清井崇社長

てくれた。

「現在、ビール市場全体の中で、クラフトビールの割合は1％程度と言われています。アメリカではこれが11％まで拡大しているそうですから、日本もまだまだこれからもっと伸びていくはず。今以上にお客さんに求められるようになった時、それに対応できるだけの生産能力を持っておくことは重要だと考えています」

生産ロットが増せば、クラフトビール全体の課題とされる商品単価も、幾らか改善できるはず。

逆に言えば、それができれば今以上に市場を広げることは容易なはずだと、清井さんは展望を語ってくれた。

長浜散策のあとに、乾いた喉を潤すのは最高のひとときき!

初めてのエールビールに衝撃!

かくいう清井さんは、もともと滋賀ではなく大阪の生まれ。それがこうして『長濱浪漫ビール』に携わるようになったのは、やはり「エールタイプのビールを飲んで、衝撃を受けた」ことがきっかけだという。

「それまで飲んでいたどのビールとも違う、斬新な驚きがありました。ちょうど酒税法改正を機に、クラフトビールにスポットがあたっていた頃でしたから、雑誌などを見て〝面白そうだな〟と直感したんです。それまでは営業職に就《つ》いていましたが、ずっと物足りなさを感じていて、何か面白いことがやりたいと模索していたところでした。これはぜひ自分もビール造りをやってみたいと、とりあえず趣味とキャリアアップを兼ねて、ビアテイスターの資格を取得することから始めました」

こうして全国のブルワリーをまわっていると、たった一杯のビールに人生を大きく動かされた人物に出会うことが少なくない。清井さんもまた、初めて味わったビールによって、人生の舵を大きく旋回させることになった1人である。先に資格取得に走ったのは、後に就職先を紹介してもらえるかもしれないとの計算もあったというから、まさに思惑通りに事は運んだことになる。

「やがてこの会社を紹介されて、最初は醸造を担当することに。その後、レストランでマネージャー職を任されるようになり、年月を経て2年前に代表に就任しました」

こう聞くと、トントン拍子に聞こえなくもないが、実際には「思い通りにならないことだらけだった」と清井さんは言う。醸造のノウハウ、資金面、市場規模など、あらゆる面で『長濱浪漫ビール』が「順調」と言えるようになったのは、ごく最近のことだそう。

「それでもなんとか、こうして多くの方に飲んでいただけるようになったのは、本当に喜ばしいことですね。長浜は琵琶湖をはじめ、伊吹山などの自然も多く残る土地です。さらに戦国時代からの歴史をたっぷり体感できる土地でもあるので、ぜひもっともっと多くの方に飲みに来ていただければ」

ラインナップの幅広さや交通の便、周辺の見どころの多さなどを鑑みて、ビアライゼの初手として、たしかにこの『長濱浪漫ビール』はうってつけかもしれない。

ビールをクラフト！体験記①

ホームブルーイング、事始め。

クラフトビールへの関心が高まると、否が応でも盛り上がるのがホームブルーイングへの意欲だ。しかし、ビールの醸造キットが市販されていることは知っていたけど、いざ手をつけようと思うと、ノウハウの問題のみならず、法的な壁もあってなかなか敷居が高い。

要はアルコール度数1％を超える酒を無免許で造ってはいけない、というのが日本のルール。しかし逆にいえば、きちんと分量を測定し、アルコール度数チェッカーを用いて管理すれば、個人でビール作りを楽しむことに問題はないわけだ。

ならば、全国のブルワーさんに会いに行くにあたり、そのスピリットを知っておくのはひとつの礼儀。さっそく、ネット上にいくつかある販売サイトをチェックして、とりわけ信用のおけそうな醸造キットをオーダー。僕も自らビールを造ってみることにした。

ド素人なりに奮闘したプロセスを、全10回でレポートしていこう。幕間の箸休めになれば幸いだ。

（つづく）

〝独立独歩〟の精神で
岡山を代表するブランドに成長

岡山県岡山市・宮下酒造株式会社

岡山駅で新幹線を降りると、ほどなく構内のショップ付近に「独歩《どっぽ》」の幟旗《のぼりばた》を見つけることができる。地場《じば》を代表する造り酒屋、宮下《みやした》酒造が売り出す地ビール銘柄である。

ネーミングの由来として真っ先に思い至るのは、明治の文豪・国木田独歩《くにきだどっぽ》だが、むしろその独歩がペンネームに採用する元となった、中国の古い公案集『無門関《むもんかん》』に由来がある。

《大道無門《だいどうむもん》
千差路《せんさみち》有り
此《こ》の関《かん》を透得《とうとく》せば
乾坤《けんこん》に独歩せん》

記されたこの一文を意訳するなら、「真理《しんり》を知るために道を選ぶ必要はなく、どの道を行くにせよ、目標を明確に定めて修行を積みながら独り進むべし」といったところだろうか。つまりこの銘柄には、信念あるビール造りに独立独歩、邁進《まいしん》していこうという、ブルワリーとしてのモットーが込められているわけだ。

創業は1915年。日本酒の醸造からスタートした宮下酒造は、現在、焼酎やウイ

今や岡山県の名産物のひとつと言える、地ビール『独歩』。1995年にリリースされ、地場の強固なブランドに成長した

スキー、リキュールなどを手掛ける総合酒類メーカーへと成長。オリジナルのビールを開発したのは、酒税法改正から間もない1995年のことだ。

「一時期、日本酒が低迷した時代があり、クラフトビール解禁はちょうどその時期と重なっています。そこで弊社の社長が一念発起し、少なくない設備投資を行なってビールの醸造に乗り出したのが始まりでした。当時、これで失敗したら会社をたたむ覚悟であったと聞いています」

そう語るのは、同社製造部製造課の伊藤《いとう》泰《やす》信《あき》課長だ。

まさに社運を賭ける思いであったことが窺《うかが》えるが、今日、『独歩』がこうして全国に知られる銘柄に育ったところを見れば、その目論見《もくろみ》はずばり当たったと言えそうだ。

「ところが、最初の3年こそ飛ぶように売れたようですが、ほどなく地ビールブームが終わり、しばらくは厳しい時代が続きました。それでもなんとか頑張ってきたところ、おかげさまで最近は好調で、体感的には10年前の倍ほどに『独歩』の売り上げは伸びていると思います」

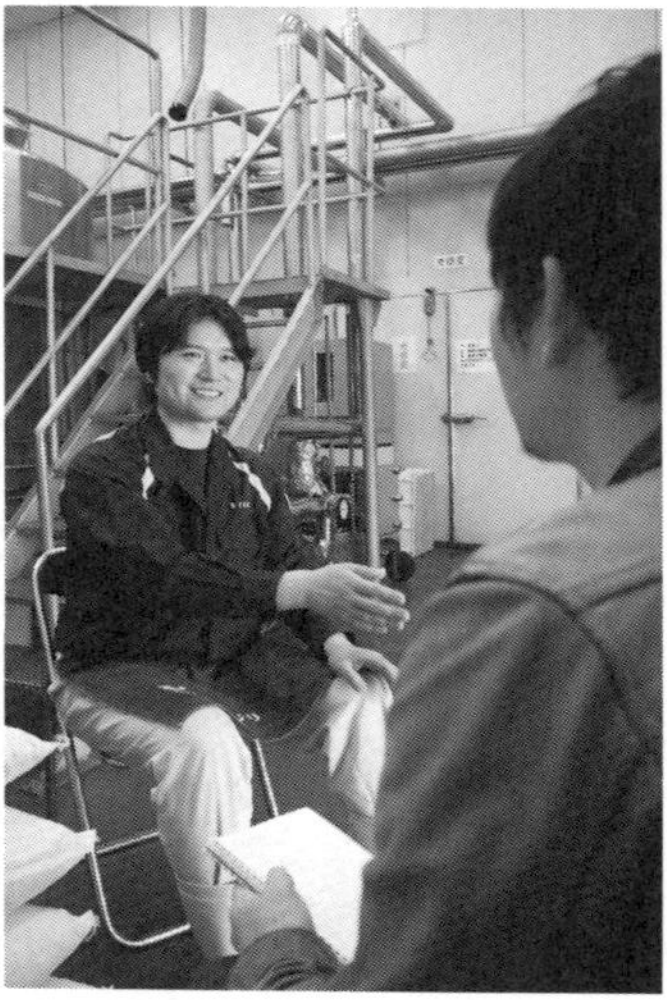

製造課の課長を務める伊藤さん。日本酒や焼酎の製造を経験し、現在はビールの醸造にてんてこ舞いだ

実際、『独歩』のニーズの伸びに対応するため、宮下酒造では現在、醸造スペースの拡張工事を進めている真っ最中。とりわけ県外出荷の増大は目覚ましいという。これも、日本人の舌に合う味を追求したり、父の日のギフト戦略を展開したり、地道な営業努力の積み重ねであると伊藤さんは強調する。

２０１４年には、地元のイオンモールに自社のクラフトビアショップも設置。『独歩』の生樽《なまだる》はもちろん、日本酒や焼酎、リキュールを手軽に味わえるスタンドバーとして、ファンを楽しませている。こうした直営店を持つことは、単にプロモーション的な意味合いだけでなく、マーケティングの面でも役に立っているという。

今では岡山名物のひとつとして扱われることも多い『独歩』だが、これは決して一過性の人気ではなく、まさしく『無門関』に記された通り、目標に向けて足場を固めてきた成果なのである。

酒造りは「天職だった！」

もともとは東京生まれであるという伊藤さんは、大学卒業後に一度は商社に勤めたが、その後翻意し、東京農業大学に入学し直して醸造を学んだ経歴を持っている。宮下酒造に入社して、今年で12年目になる。

「といっても、突然酒造りに目覚めたわけではありません。本当は最初からこちらの道に進みたかったのですが、進路を決めるタイミングで父が大病を患い、何はともあれ生活を安定させなければならないと、いったん商社に就職したんです。しかし、幸いにもほどなく父の容体が持ち直したので、〝やるのであれば今しかない〟と、大学に入り直したんです。

昨今のクラフトビールブームの煽りもあり、『独歩』を造るプラントはすでに手狭に……。同社ではビール工場の拡張工事を進めている

学費を払って入学してしまえば、もう後には引けませんから、これには自分を追い込む意味もありました」

ともあれ、本格的に醸造を学ぶうちに、伊藤さんは日本特有の酒である日本酒への関心を深めていく。そこで酒蔵に的を絞って就活を始めることになり、こうして岡山県の宮下酒造にたどり着いたというわけだ。

当時からビール造りに興味がなかったわけではなく、まだ都内に数少なかったクラフトビール専門店に通い詰め、旅先では地元のビールをチェックした。しかし、とりわけ観光地で売られる地ビールの味に満足することはなく、ただブームに寄りかかっただけの粗《そ》製濫造《せいらんぞう》の影響を感じざるを得なかったと伊藤

『独歩』を原材料としたビア・スピリッツ。一般的なウイスキーとはまた違った香りが楽しめる

さんは振り返る。

入社後は日本酒とビールの醸造担当に就任。やがて社内の配置転換で、焼酎などの蒸留酒にも携わり、伊藤さんは順調にキャリアを積んでいく。ビールから焼酎まで幅広い現場に携わることができるのも、総合酒類メーカーならではの強みだろう。それはそのまま、ブルワーとしての血肉となり、『独歩』に生かされている。

商社マンとして社会に出ながら、舵《かじ》を取り直してまで酒造りの世界に飛び込んだ伊藤さんは、現在のこの仕事を「天職だった」と明言する。そして、ビールにしても日本酒にしても、思い通りに美味い酒が出来上がった時には、この上ない喜びを感じるのだとも。

「酒は下手をすると、タンクごとに味が変わるデリケートなものです。同じように仕込んで同じように造っているつもりでも、微妙な違いは必ずあります。それは、普段あまりお酒を飲まない人にはわからない程度のささやかな違いに過ぎないかもしれませんが、だからこそ、心から美味いと思える酒が仕上がった時には、この仕事の面白さを心から実感するんです」

『独歩』を蒸留したビア・スピリッツも

ところで僕は以前、『独歩』の名を冠した、ちょっと変わったスピリッツに酒場で出会ったことがある。その名も、『ビア・スピリッツ オールド・独歩』(前ページ写真参照)。

これはビールを蒸留し、樫樽《かしだる》で10年以上寝かせたスピリッツで、原材料に使われているのはもちろん『独歩』である。

クラフトビールを楽しむ延長で、たまたま見つけたこのビア・スピリッツをいただいてみると、麦の香ばしさや樽香に加え、アロマホップの特徴的なアクセントが鼻腔を直撃した。ビア・スピリッツという、世界でも比較的レアなこの製品との出会いが、今回こうして岡山へ足を運ぶ大きなモチベーションとなったのは事実だ。

「もともとは『独歩』の売れ行きが芳しくなかった頃に、在庫を蒸留酒の材料として転用したものだと思われますが、昨今のウイスキーブームに乗り、今とても好調です」

スピリッツとは本来、蒸留酒の総称で、あえて乱暴に語ればビールを蒸留すればウイスキーに、ワインを蒸留すればブランデーとなる。

では、ウイスキーとビア・スピリッツの違いは何かといえば、やはりホップの有無だろう。時期によって品薄になりつつあるようだが、そのスパイシーな芳香を、ぜひ味わってみてほしい。

ビールをクラフト！体験記②

醸造キット到着！

オーダーから10日ほどで醸造キットが到着。なぜ10日もかかったかといえば、これは僕のせい。ブルーイングに不慣れすぎて、さも簡単そうな「初心者向けセット」を発注したものの、肝心のビールの種類を指定するのを忘れていたのだ。すかさず問い合わせメールを返してくれた販売業者さんと連絡を取り、なんとか材料を入手。先が思いやられる。

なお、今回調達したのは、オールモルト相当で仕込むことのできるもので、濃い金色のビールが出来上がるのだそう。気になるコストは、醸造キットが諸経費込みで3500円程度。アルコール度数チェッカーも似たような価格で買えたのは少々意外であった（もっと高い物だと思ってた）。

ちなみに、法に絡むことゆえ、入念に下調べしたところ、たとえ故意ではなくても、出来上がったビールのアルコール度数が1％を超えていると、その時点でアウトだという。ホームブルワーの皆さん、くれぐれもお気をつけて！

（つづく）

脱サラ起業家とブルワー志望者の出会いで『ノースアイランドビール』が誕生

北海道江別市・ＳＯＣブルーイング株式会社

まったく畑違いの職に就いていたビジネスマンが、脱サラを目指して事業の種を模索し、クラフトビール開発に着手。それが、北海道で名を馳《は》せる『ノースアイランドビール』の始まりだ。

「もともと私は、カナダからビールの醸造設備を輸入して売る会社に在籍していました。当然、地ビールをやりたいという事業者さんとの接点は多く、今から15年ほど前に、やはりブルワリーを立ち上げて起業したいという2人組のお客さんと出会いまして。それが今の社長なんです」

そう語るのは、『ノースアイランドビール』を手掛けるSOCブルーイング株式会社で工場長を務める多賀谷壮《たがやたけし》さんだ。

醸造設備の営業マンであった多賀谷さんが、クラフトビールで起業を志す2人組と出会ったことで、それぞれの人生は急展開。札幌に小さなブルワリーを誕生させることになる。

カナダ修行で身につけた醸造技術

クラフトビールの取材で北海道へ行くんです——。ビール好きが集まる都内の酒場でそう口にすると、「じゃあ、『ノースアイランドビール』さんあたりへ行くのかな？　あそこ

もともとはスーパーマーケットであったテナントに収まった、現在のブルワリー。数年前に札幌市から江別市へと移転した

のビールは美味しいよね」と返されることが何度かあった。

すでに中央のファンの心をしっかり掴んでいる様子の『ノースアイランドビール』は、もともと札幌市内の工場で造られていたが(※創業時は別ブランド)、順調に売り上げを伸ばしたことで手狭になり、数年前にお隣りの江別《えべつ》市に移転した。

江別は農業の町であり、とりわけ小麦の産地として知られている。札幌から車で小一時間と交通アクセスも良く、ビールを造る拠点としては理想的であったと言える。

もともとはスーパーマーケットとして使われていた物件を、そのままビール工場として使っているため、外観からはまさかここにブルワリーがあるなど、誰も思い至らないだろう。とくに看板の類いも設置されていないのは、ここがあくまで工場に徹しているからか。

取材に対応してくれた多賀谷さんは、北海道旭川《あさひかわ》市の生まれ。もともと大の酒好きで、道内の大学を卒業したあとは、アルバイト先であった酒販店でそのまましばらく働き続けていたそう。

それでも、心のどこかに〝いつかビール造りを仕事にできれば〟との思いを持ち続けていた賜物か、やがて前述の設備卸しの企業との縁を得て、転職することに。

「お酒は全般的に好きでしたが、ビールがベンチャービジネスになるという風潮は、やはり興味深かったですね。私もそういう醸造設備を扱う会社にいたくらいですから、いつかは自分の工場を持ちたいという考えは持っていたんです。その点においても前職時代、お客さんにビール造りの指導を行なうため、カナダのブルワリーで研修を受けさせてもらえたのは非常にラッキーでした」

行き先はブリティッシュコロンビア州。なぜカナダだったのかといえば、これは当時在籍していた会社がカナダのメーカーと取引していたためだ。現地には半年ほど滞在し、日本にはないビール文化に、多々触れることができたという。

工場長を務める多賀谷さん。ビールを醸す合間を縫って、全国のビアフェスに飛び回る多忙な日々を送る

「カナダではBOP（Brewing On Premise）と呼ばれる委託型の少量生産が盛んで、ブルワリーが個人客にタンクを貸し出す業態が浸透しているんです。50リットルほどの小さなタンクにビールを仕込み、仕上がった頃に再びやってきて、自分でボトリングして持ち帰る。自宅でビールを造るホームブルーイングよりも大量に仕込むことができますし、何よりプロ仕様の設備を使用できるのは大きな魅力でしょう。こういう商売が日本でもやれれば面白いな、と直感しました」

そうこうしているうちに、ビジネスをやりたい人間と、ビールを造りたい人間が出会い、北海道でマイクロブルワリーを立ち上げることになるのだから面白い。

話はトントン拍子に進み、法人登記を済ませると、２００３年の初頭に醸造免許を取得。ビールの初出荷は同年5月のことだ。

かくして、カナダで仕込まれたブルワーとしての腕前は、新天地で存分に揮《ふる》われることになる。

北海道にも広がりゆくクラフトビール市場

「私たちがブルワリーを始めた時期というのは、地ビールが衰退しつつあるタイミングした。そのため周囲は、〝なんでいまさらビールなの？〟と首を傾げていたものです。たしかに、市場的な受け皿としては心許《こころもと》ない状況だったのは事実ですが、それでも根っからのビール好きなものですから、どうせ働くなら楽しくやれることをしたいという気持ちが勝りました」

そう、当時を振り返って笑う多賀谷さん。経営上の戦略としては、まずは外販を固めることを重視。確実な流通を地道に確保することからはじめ、そのため現状、販路の大半は関東近郊に集中しているという。

他方、お膝元である札幌界隈には、なかなかクラフトビールを楽しむ文化が根付かずにいたが、市内に直営のビアバー「ノースアイランド」をオープンしたことで、少しずつ状況は好転しているという。自社製品を生樽で楽しむことができるこの店には、観光客だけでなく、地元客も多く訪れている。

「まだまだ生産量が少ないので何かと苦労も多いのが現実ですが、少しずつ地元にも熱心なお客さんが増えている実感はあります。今後いかに事業規模を大きくしていくかが課題ですが、最近のブームのおかげなのか、各地の飲食店から問い合わせをいただくことも増えています」

ピルスナーやヴァイツェン、スタウトなど、定番ラインナップは現在6種類。この取材の前夜、たまたま札幌市内のバーで「コリアンダーブラック」にありついたが、これもレギュラーのひとつだ。コリアンダーシードと黒ビールの絶妙なマッチングを感じさせるフレーバービールで、舌の上に広がる旨味に、思わず口角が上がる見事なお点前《てまえ》であった。

サッポロビールのお膝元である北海道では、クラフトビールに対する理解が進みにくい面もあったようだが、それでも状況は急速に改善されていると多賀谷さんは語る。

「同じビールで括《くく》られてはいても、クラフトビールは従来のラガービールとは別物として楽しむ方が増えていると思います。ビールも他のお酒と同じように、その時々の気分によって、飲み分ける時代になりつつありますよね。どうしても単価が高くなってしまうのがクラフトビールの課題ではありますが、数ある製品から自分好みのものを選ぶ楽しさは浸透しつつあります。このいい流れは今後も続くのではないでしょうか」

もともと北海道はビール消費量の多い地域。クラフトビールに対する潜在的なニーズは大きいはずだ。

そこで、そうしたニーズを喚起するため、同社では「昼飲みの日」というイベントを定期的に企画して、ファンとの交流をはかっている。

「これは直営のビアバー『ノースアイランド』で月に一度、最終週の日曜日に催しているイベントです。本来は夕方からの営業ですが、この日だけは昼から店を開け、みんなでまったり飲みましょう、というのをコンセプトにしています。これに合わせて限定販売の新作をお披露目《ひろめ》したり、季節に合わせた料理を用意したり、常連さんも新規のお客様も楽しめるような内容を毎回考えています」

たとえば5月末に行なわれた「昼飲みの日」では、開催日が29日（肉の日）であったことにちなみ、牛肩ロースステーキや道産牛ランプブロシェットといった肉料理がビールのつまみに提供された。さらに自社製品のほかに、埼玉と愛媛のブルワリーからゲスト商品を取り寄せるなど、ファンを飽きさせない工夫が盛りだくさんだ。

こうしたイベントを通してクラフトビールとの出会いを得て、ファンとして定着してくれれば理想的と多賀谷さんは期待する。同社では、多い時期には毎月ペースで限定商品がリリースされるから、フリークにとっては新作をいち早く味わう貴重な機会となりそうだ。本書を手にした方には、ぜひ札幌観光の目玉のひとつとしてご検討いただきたい。

洒落たラベルデザインも特徴。こちらは定番ラインナップのひとつ、「コリアンダーブラック」のもの

ビールをクラフト！体験記③

仕込みを始めるための下準備。

さてさて、届いた醸造キットを開封して中身を確認。さっそく同梱のマニュアルに沿って仕込みを開始する。

……ところが、キットの内容物以外にも、あらかじめ自前で用意しなければいけないものがいくつかあることに気がついた。鍋やお玉、除菌用の漂白剤などはキッチンに備えがあるのでいいとして、問題は「10リットルのビールを入れたポリ袋を、安定して保持できるサイズの容器」だ。

そう、今回使うキットでは、10リットルものビールが出来上がってしまうのである。早くも「飲みきれるかな……」と不安を覚えるが、これは取らぬ狸の皮算用。まずは正しい手順を知ることが先決だ。

10リットルのビールがどのくらいの体積なのか、今ひとつイメージが湧かないが、考えた末、これはランドリー用のバケツで代用することにした。まだまだ先は長い。

（つづく）

ビール発祥の地は品川だった！
『品川縣ビール』に結実する
町おこしの奮闘記

東京都品川区・品川縣株式会社

地ビールが地域活性化のカギを握ることに疑いはないが、東京都は品川《しながわ》にその動きがあることは、少々意外に思われるかもしれない。

2005年、地元有志によってプロジェクトが立ち上げられた『品川縣《しながわけん》ビール』。まず、品川区ならぬ品川〝縣〟とは、一体どういうことか？

品川といえば、江戸時代から宿場町として栄えたことでよく知られる地名だが、明治2年（1869年）、時の政府が県と設定した記録がある。東京近郊の旧幕府領、旗本領の村々を管轄していたが、その分布は非常に広範囲に及び、練馬《ねりま》区や杉並《すぎなみ》区、新宿《しんじゅく》区、渋谷《しぶや》区、世田谷《せたがや》区、多摩《たま》地区などをまるごと包括《ほうかつ》していたばかりか、神奈川県や埼玉県の村々まで管轄していたという。

明治4年（1871年）には廃止され、短命ではあったものの、品川という地名の由緒正しさを感じさせる変遷である。

神風によって思わぬ町おこしが

「もともと私は品川区の立会川《たちあいがわ》で商売を営んでいたのですが、商店街の景気は年々悪化する一方で、これではいけないと、有志と地域活性化事業に取り組み始めました。ところが、町おこしをしようにも、界隈に名物と呼べるものは何もない。あるのは競馬場（大井競馬場）くらいのものでした。だったら、人目を引く材料を自分たちで作ろうということで生まれたのが、勝島運河《かつしまうんが》の『しながわ花海道プロジェクト』でした」

そう語るのは、先ごろ品川縣株式会社を設立したばかりの永尾章二《ながおしょうじ》さんである。

今では品川の春の風物詩としておなじみになっている、運河沿い一面に咲く菜の花。およそ2キロにわたって黄色い花が護岸を埋め尽くす光景は、永尾さんらの手によって2002年から始まったものだ。

初期はうまく花を咲かせられないなど苦労も多く、現在ほどの活況《かっきょう》には至らなかったそうだが、町おこしに賭ける思いの丈が天に通じたか、翌年、思いもよらぬ〝神風〟が吹く。立会川に大量のボラが発生したのだ。

立会川はそれまで、水源を持たない感潮河川《かんちょうかせん》だった。つまり、潮の満ち引きに合わせて川の水位は変化するが、周辺から注がれる下水に行き場はなく、腐った水が揺蕩《たゆた》っているだけの川だったのだ。

おかげで常にドブ臭く、長らく近隣住民から忌み嫌われる川であったという。当然、魚の泳ぐ姿など見られるはずのない死んだ川。これが前年の2002年、JR東日本が塩分豊

『品川縣ビール』の仕掛け人、品川縣株式会社・代表取締役の永尾章二さん。出身は鹿児島県だが、長く品川で暮らし、立会川で商売を営んできた

富な地下水を立会川に送り込む工事を行なったことで、清らかに流れる河川にリニューアルした経緯がある。

ボラの大量発生により、誰もが〝立会川に生命が吹きこまれた！〟とこの現象を喜んだ。縁起のいい出世魚であるボラは、巷《ちまた》の関心を強く引き寄せ、この時期、立会川には全国から多くの見物客が訪れたという。

おかげで一帯は思いがけない特需に恵まれたわけだが、残念ながらボラの発生はこの年かぎりにとどまっている。

「当時は川がきれいになったからボラがやってきたのだとされていましたが、結局、原因は不明のままです」

毎年こうしたボラの活況が訪れれば、目黒

の「さんま祭り」のような名物行事に発展する期待もあったが、これは叶わず。しかし、見るべきものがあれば人は集まるということを、永尾さんたちは手応えとして実感した。

そうした人々の継続的な尽力により、春の品川には「しながわ花海道」という新たな名物がめでたく定着したのである。


あの坂本龍馬が立会川にいた！


しかし、満開の時期が去れば、花目当ての観光客の姿も消える。まだまだ町おこしへの取り組みは終わらない。

ある時、さらなる名物はないだろうかとアンテナを張っていた永尾さんの耳に、うってつけの情報が飛び込んできた。あの坂本龍馬が一時期、立会川に滞在していたことがあるというのだ。

「たまたま『しながわ花海道』を目当てに訪れた人のなかに、在野《ざいや》の歴史研究家がいたのですが、その方が、『かつて坂本龍馬がこのあたりに滞在していたらしいですね』と、ぽつりと言ったんです。我々としては、町おこしをするうえでこれほど相応しい人物はいませんから、すぐに図書館や資料館で記録をあたり、歴史的な裏付けを取りました」

付近の酒販店で入手した『品川縣ビール』を、品川宿の情緒を感じながらいただいた。実に香り豊かなビールである

昔の文献に、ほんの一行でも坂本龍馬と品川を紐付ける根拠があれば……と、藁《わら》にもすがる思いだったと振り返る永尾さん。ほどなく、江戸で剣術修行に励んでいた19歳の時の龍馬が、品川に身を置いていた事実が突き止められた。

これはペリー来航の時期でもあり、龍馬は現・立会川付近にあった土佐藩の下屋敷に詰め、沿岸警備にあたっていたのだ。

この事実を知った永尾さんは、すぐに商店街の仲間を集め、〝本家〟の高知県を表敬訪問。龍馬像を贈呈されるなど、良好な関係を築くこととなり、晴れて立会川でも龍馬の売り出しがスタートする。

現在、立会川駅前に建つ龍馬像を目当てに、多くのファンが訪れるようになったのは、こうした経緯によるものだ。

それにしても、断片的な材料を見逃すことなく、こうしてしっかり町おこしに繋げてしまう手腕には恐れ入るばかり。しかし、郊外出身の者からすると、品川ほどの一等地においてもこんな苦労がある現実には、少々驚かされるのも事実だ。

「たしかに品川は全国的な知名度を持っていますが、多くの人がイメージするのはあくまで品川駅とその周辺に過ぎません。私が長年商売を営んできた立会川周辺などは、長らく運河のドブ臭さだけが目立つエリアでしたから、放っておけばこのまま人はいなくなってしまうでしょう。地域への恩返しの意味を込めて、とにかく町に元気を取り戻したい一心でがむしゃらにやってきました」

こと町おこしについては、どこまでも貪欲な姿勢を崩さない永尾さん。品川にかつて、「日本最古のビール工場」が存在したという情報も、そうした取り組みの最中に飛び込んできたものだった。

品川に存在した幻のビール工場

地域というのは「○○発祥の地」というフレーズに並々ならぬこだわりを見せることが

あるが、古くから多くの人が行き交った品川もまた、様々な発祥を持っている。有名なところでは硝子《がらす》や鉄火巻きがあるが、ここに「ビール」が加えられるとなれば、これまた町おこしに最適な材料となる。

「地元の人というのは、案外自分が暮らす地域のことを知らないものだなと、思い知らされますよね。今回もたまたま史実に詳しい他所の人からその噂を耳にして、すぐに記録をあたり始めました。すると、たしかに明治2年、当時の品川縣知事であった古賀一平《こがいっぺい》が、現在の東大井3丁目付近にビール工場を設立したという記録がある。だったら品川にビールを復活させようと、すぐに仲間と動き始めました。それまでビール発祥の地とされていた横浜から、慌ててマスコミがすっ飛んできましたよ（笑）」

これが2005年のことである。

記録によれば、明治維新の煽りや当時の大恐慌《だいきょうこう》で困窮《こんきゅう》した住民たちのために、品川縣の古賀知事が公営事業としてビール工場を設立したとある。

場所は土佐藩主の下屋敷跡。なぜ、清酒でも焼酎でもなくビールだったのかはわかっていないが、古賀が海外文化に明るい佐賀・鍋島の藩士であったことと無関係ではなさそうだ。

しかし、世相は激動の時期。明治4年になると廃藩置県《はいはんちけん》が行なわれ、ビール工場はその直前、民間に払い下げられている。

民営化された工場は、その後も細々と明治10年頃まで存続していたが、売り上げは芳《かんば》しくなかったようで、さほど話題になることのないまま潰れてしまった。おかげで品川縣の資料に「幻のビール工場」と記されるはめになったのは不本意だろうが、それでもここで日本初のビール醸造事業が行なわれたことは間違いない事実なのである。

これを現代に復活させようと考えた永尾さんは、商店街の有志を募って「品川縣ビール研究会」を発足。現在の品川に相応しいクラフトビールのイメージを練り始める。

当初は自分たちで醸造を行なうプランもあったそうだが、これは予算的にも人員的にも無理があり、断念。そこで醸造を請け負う工場を探すことになるのだが、ここでも永尾さんたちは不思議な良縁を引き寄せた。

「研究会のメンバーが、ひょんなことから秋田県の田沢湖《たざわこ》ビールと繋ったことから、品川の地ビール造りをお願いすることになりました。この田沢湖ビールは、日本初のビール酵母といわれる『エド酵母』を所有しており、〝エド〟と付くからには、この酵母を東京で展開できるビール造りに活用したいという思いを持っていたんです。これが品川ならではのビールを造りたいという私たちの思いとぴたりと重なり、話はトントン拍子にまとまりました」

日本最古のビール酵母「エド酵母」

正式名称、「サッカロマイセス・エド」。田沢湖ビールの側からしても、エド酵母の用途を模索していた矢先のことだった。

日本最古のビール工場と、日本最古のビール酵母の出会い。これには当事者ならずとも運命的なものを感じてしまう。

かくして、『品川縣ビール』が誕生したのが2006年。ボトルのラベルには、品川区のシンボルマークがあしらわれた。

「設計や製法については、プロである田沢湖ビールさんにすべてお任せしました。ただ、ひとつだけ私たちのほうからリクエストしたのは、ビールの色でした。グラスに注いでいただくとわかるのですが、『品川縣ビール』は赤みを帯びた色をしています。これは赤いビールに白い泡で、紅白のめでたさを表現したかったことがひとつ。それから、私たちの情熱を示す赤ですね（笑）」

味も文句なし。モルトの利いた旨味は、クラフトビールの醍醐味《だいごみ》をたっぷり堪能させてくれる。

リリースからはや10年。これまでは区内の立会川近辺の酒販店や一部のコンビニで販売してきたが、世のクラフトビールブームを追い風に、永尾さんはいよいよ勝負に打って出る。自身が代表を務める品川縣株式会社で酒類販売業免許の取得を果たし、いっそうの販路拡大に乗り出そうというのだ。

また、それと同時期に永尾さんは、品川区の町おこしを行なうNPO法人も発足させており、さらに活動を広げていく構え。ふたつの活動が有機的に結びつくことで、品川区も『品川縣ビール』もいっそう元気になるに違いない。

すでに永尾さんの構想には、品川でビアフェスを開催する計画がある。全国の人気銘柄を呼び、多くのビール党が集まる一大イベントとして、地域を盛り上げたい。「大井競馬場を会場に使うことができれば、キャパシティの点でも交通の点でも理想的ですよね」と目を輝かせる。

「たとえ何もないように見える町であっても、そこに魅力をつくっていくことは可能です。立会川にしても、ずっとドブ臭いと言われていた町が、今では毎年、菜の花を楽しみに多くの人が訪れるようになり、遠方から坂本龍馬ファンがやってくるようになりました。でも、まだまだ道半ば。長年お世話になった町ですから、これからもできるかぎりのことをやっていきたいですね」

無類のビール好きの1人としては、『品川縣ビール』が次の起爆剤となることを、切に願う次第である。

酒販店の陰にも創意工夫あり
ブレイクのときを待つ『ビアンダ』

福島県いわき市・浜田屋本店

東北方面で使われる「んだ」という方言は、了承や同意の意を示すだけでなく、話の腰を折らずに相手をノセる〝合いの手〟にもなる「魔法の言葉」。この方言を商品名に冠したクラフトビールを企画したのは、福島県いわき市で1926年（大正15年）から続く老舗酒販店「浜田屋《はまだや》」の3代目、佐藤哲也《さとうてつや》さんである。

「Beer」と「んだ」を組み合わせて『BeerNnda（ビアンダ）』。東北訛《なま》りに由来するとは思えない洒落たネーミングのこのビールは、芳醇《ほうじゅん》な旨味を感じさせる黒ビールタイプで、やわらかな舌触りと相まって、リピーターが続出中だという。

今からおよそ8年前、佐藤さんが地場の特産物のひとつとして『ビアンダ』の開発を思いたったのは、地域経済の活性化を目指す目的はもちろん、小売業の将来に少なからぬ不安を感じてのことだった。

「量販店や大手ショッピングモールの進出で、街の酒屋はジリ貧の状態に陥っていました。そういった危機感から、いわきの酒屋を集めてビールの開発に取り組むことになったんです」

実はこの『ビアンダ』以前にも、自治体主導による地ビールがいわきに存在していた。しかし、地域ブランドを押し出せば、必ず観光客の琴線《きんせん》に触れるというものでもない。まだ

福島県いわき市・浜田屋本店

いわき駅から徒歩15分ほどの場所にある浜田屋。晩酌のお供や贈答品を求める地元客が多く訪れる

まだヨーロピアンスタイルのビールに対する理解が浸透していなかったこともあり、いわき初の地ビールはわずか2、3年で姿を消してしまった。

そうした経緯を知りながら、佐藤さんらがあえてビールに挑戦したのは、現在『ビアンダ』の醸造を担っている新潟麦酒《にいがたばくしゅ》株式会社の呼びかけに後押しされてのことだった。

「新潟麦酒さんから、『いわきオリジナルのビールをやりませんか』と声をかけていただいたのをきっかけに、自治体と力を合わせてこの地域を盛り上げようと、大いに意気込んで『ビアンダ』を開発したんです。ところが、いざ製品ができあがってみると、肝心のいわき市がこのプロジェクトに乗ってこない。いわく、地元の原材料が使われておらず、製造もすべて新潟で行なったものを、市が地ビールとして推し進めるのは難しい、というのが理由でした。ごもっともなのですが、当初の期待が大きかっただけに、これによって意気消沈してしまったことは否めません」

スタートからけちがついてしまったかたちの『ビアンダ』だったが、それでもいわき市内限定ビールとして販売を開始。やはりプロモーションの面で不利を被《こうむ》ったのか、飛ぶように売れることはなかった。

やがて商材としての旨味に乏しいとして、参加店は少しずつ減っていき、気がつけば『ビアンダ』を扱う酒販店は、佐藤さんが営む浜田屋のみになっていた。

『ビアンダ』ファンは着実に増えている

それでも細々といわき唯一の地ビールを売り続けた佐藤さん。今日のように地ビールブームが再燃することを予見していたわけではあるまいが、これが自信を持って提供できるビールである確信だけは揺るがなかった。

「生きた酵母菌が瓶の中で発酵をつづけるため賞味期限が長く、飲めば独特な旨味と甘みを持っている。率直に言って、私自身とても美味しいビールだと感じています。いわきは一

クリーミーな黒ビール『ビアンダ』。見かけよりスッキリとしており、いかにも万人受けしそうな美味

大消費地ではありませんし、他の酒屋が撤退を余儀なくされたのも致し方がないでしょう。うちも長らくセールス面では苦労しましたが、一度飲まれた方は高い確率でリピーターになりますし、最近は飲食店からの引き合いも少なくありません。続けてきて良かったと、心から思いますね」

良くも悪くも、震災を機に福島が世界的な知名度を獲得したことも、『ビアンダ』の拡散に一役買っていると佐藤さんは言う。実際、今も各地で頻繁に催されている復興イベントで、『ビアンダ』が扱われる機会は増えている。

最近では、一度は『ビアンダ』から手を引いた他の酒販店に、在庫を分けることもしばしばあるという。『ビアンダ』への問い合わせが、市内の酒販店に続出しているのだ。

ちなみに浜田屋はもともと、県産品にこだわらず、全国各地の名酒を幅広く取り扱う店だったが、震災を機に地酒を強化した経緯があるという。

「県民性なのか、福島の人は地元の物をあまり大切にしない傾向があるんです。たとえば誰かに贈り物をするときも、地元の物より県外の有名な商品を贈ったほうが喜ばれるだろうと考える。ところが、そうした意識が震災で一変しました。壊滅的な被害を被ったことで、多くの福島県民が〝自分は福島を愛しているんだ〟ということに気がついたんです」

復興を果たし、かつての日常を取り戻すためには、地域を守り、産業を守ることが不可欠。多くの県民が強い危機感を共有したことで、明らかに県内のムードは一変したという。

「地酒にしても、震災以前よりもレベルは上がっているように感じます。これもやはり、蔵《くら》人《びと》たちの復興へ向けた強い意志の表れなのでしょうね」

幸いにして浜田屋が建つ一帯は深刻な停電を免れ、在庫の管理に大きな支障をきたすことはなく、2週間後には営業を再開。復興を応援する客から、県産品のラインナップにオーダーが舞い込むようになった。もちろんその中には『ビアンダ』も含まれている。

発泡酒の登場に強烈な危機感

ところで、佐藤さんの商売人としての半生には、そこらのビジネス書に負けない学びと気付きに満ちている。『ビアンダ』を世に送り出したバイタリティもその一端だが、競争の激しい酒販業界で今日までサバイブしてきた背景には、類まれなる発想力と行動力が見て取れるのだ。

とりわけ興味深いのは、ほんの十数年前までは総売上げの95%を占めていたビールの宅配が、今ではわずか5%に縮小しているという事実。代わりに目覚ましい拡大をみせたのは、通販事業である。

「そもそもビールの宅配事業に強い危機感を覚えたのは、発泡酒の登場がきっかけでした。今から20年以上も前のことですが、新発売の発泡酒を味わってみて、すぐに直感したんです。売られ始めたばかりの時点でこれほどのクオリティなら、今後さらに進化していくことで、ビールを飲む人は確実に減ってしまうだろう、と。そうなると、街の酒屋はいよいよ立ちいかなくなってしまいます」

ただでさえ、ディスカウントショップの台頭により、厳しい競争を強いられていた頃である。ビールより安価で、コンビニで手軽に買える発泡酒が、世のビール党の心を掌握《しょうあく》す

アイデアと実行力で浜田屋を切り盛りする、3代目店主の佐藤さん

るのは時間の問題と思われた。

そこで佐藤さんは、一計を案じる。

「当時はまだ、国内ではマッコリの存在があまり知られていませんでしたが、〝きっかけひとつでこれは売れるはずだ〟という確信めいた思いがありました。そこで全国のタウンページを取り寄せて、各地の焼肉店を片っ端からリストアップし、ワープロで手作りしたチラシを片っ端から送ったんです。すると思いのほか反響は大きく、電話やFAXで次々にマッコリの注文が入るようになりました」

後に到来するマッコリ人気には、こんな陰の立役者が存在したわけだ。

ともあれ、これが佐藤さんに通販事業の可能性を意識させる、大きなきっかけとなったことは想像に難くない。やがてインターネットが登場すると、佐藤さんはすぐに自らホームページの作り方を学び、自社の通販サイトを立ち上げる。

「いまだに、ひらがな入力しかできません」とは言うものの、浜田屋のホームページは膨大な情報が読みやすくまとめられており、ユーザーはストレスなくオンラインショッピングに講じることができる。

また、もともとは日本酒の品揃えが自慢のショッピングサイトであったが、独自性を模索する過程で何気なく韓国製キムチを掲載したところ、これが大評判を呼んだ。思いがけないヒット商品が誕生し、現在も全国から注文が入る。ホームページのタイトルが「酒とキムチの浜田屋本店」となっているのはそのためだ。

果たして、今では売上げの7割を通販が占めている。15年も前からこうしたネット販売に取り組んでいた先見性《せんけんせい》には恐れ入るばかりだ。そして、売上げ構造の変化に対応してきた手腕は、見事というほかない。

モットーは「お酒の相談所」であること

福島県の地酒を中心に、店内に陳列する酒は、すべてその味を把握しているという佐藤

店内には県産の日本酒を中心に、焼酎やワインなどがずらり。いずれも佐藤さんの目利きによる逸品ばかりだ

さん。「自分が味を知らない酒は、お客様にお勧めすることができないから」と、自ら味を確かめ、自信をもって売れる酒にこだわった棚作りは、それだけで職人技の領域だ。

――そこでふと、レジカウンターに貼られたメッセージに気がついた。

『お酒の相談所。解らなければ聞けばよい』

その心を問うと、「それが小売店の本来あるべき姿なんですよ」と、実に粋な答えが返ってきた。

「今の人たちはスーパーやコンビニに慣れているので、よくわからないまま自ら商品を選んでレジへ持っていくのが普通になっています。おそらく20代の皆さんは、肉を肉屋で、魚を魚屋で買うという経験自体、乏しいのではないでしょうか。しかし、小売店というのはもともと、その場で商品に関する情報を教わり、相談しながら買える場所であったはず。そんな小売店の使い方を知らない世代が増えてきたのを見て、これではいけないと、『相談所』と掲げたんです」

実際、この取材の最中にも、「父の誕生日なので、辛めの日本酒を探しているのですが」という客に対して、最適な商品をいくつか勧めながら、「甘い、辛いという希望は、本当は最初に言わないほうがいいんです。辛いのがいいと言われると、お勧めできる酒が制限されてしまいますから。実際には甘口といわれている酒の中にも、必ず口に合うものはあるはずですから、もったいないですよ」と、なんとも腹落《はらお》ちのいい語り口で解説する佐藤さんの姿が見られた。

こんな酒屋の店主が生み出したいわきの地ビールが、酒飲みの口に合わないはずがないのである。

ビールをクラフト！体験記④

ブルーイング、スタート！

まさしく暗中模索の心境ながら、いよいよ仕込みを開始する。まずはモルトエキスの入った缶を缶切りで開け、湯煎する。鍋に半分ほど水を入れ、その中に缶を入れて弱火で15〜30分ほどことこと煮る。わりと大きな缶なのだが、普段ラーメンを茹でている鍋でなんとか事足りた。

なお、やはり不慣れであるためか、ブルーイングの説明書というのは、素人には非常にわかりにくい。そのため販売業者さんも、サイトに細かな手順をカラー写真で見せたり、動画を公開したりしているが、面倒でもこれらを先にチェックしておくことを強くお勧めしたい。……僕はそれをサボってしまったので、終始とっても難儀した。

（つづく）

財政破綻の町を再生せよ！
大鰐の伏流水で仕込んだ『津軽路ビール』

青森県南津軽郡・そうま屋米酒店

大鰐温泉《おおわにおんせん》といえば、津軽では有名なスキー&スノボスポットであり、近隣の学校では冬季の体育の授業を大鰐のゲレンデで実施するところも少なくないと聞く。

ところが、巨費を投じたリゾート開発に失敗し、大鰐町は2009年度以降、財政破綻が懸念される「財政健全化団体」入りすることになる。一般企業にたとえて言えば、不渡りをだして倒産寸前、といった状態に等しい。

それが晴れて〝危険水域〟を脱し、町として総務省に財政健全化計画達成を報告したのは、2015年夏のこと。「第二の夕張《ゆうばり》」と言われ続けた同町の、驚異的なV字回復――と呼ぶのは気が早そうだが、設定目標を7年も前倒しするかたちで健全化団体から脱却した事実は、驚きを持って全国に伝えられたものである。

では、大鰐は財政を立て直すために、どのような手立てを講じたのだろうか?

当時の報道資料を紐解《ひもと》けば、大鰐町は職員給与や職員数そのものを見直し、コストカットに努めたほか、家庭ゴミの有料化や固定資産税の増税など、住民負担でできるかぎりの手を打ったことがわかる。

しかし、どうやらそれだけではなさそうだ。この町に『津軽路《つがるじ》ビール』を求めてやってきたことで、僕はそう実感させられた。

新幹線を新青森駅で下車し、JR奥《おう》羽《う》本線を乗り継いで約1時間。大鰐温泉駅の周辺を少し歩いてみると、地元の人たちの生活感に混じって、廃墟となった建物が散見される。その様子が、一度は深刻な危機に晒《さら》されたことを示す傷跡のように感じられなくもない。

しかし、駅前には、「鰐《わに》ｃｏｍ《かむ》ｅ」という、まだピカピカの新しい温泉施設が目にとまり、まさにそれが再生への象徴である印象を受けたのもまた事実。

今回の旅の主目的である『津軽路ビール』は、この町で3代つづく老舗の酒販店、「そうま屋酒米店」の店主、相馬《そうま》康穫《やすのり》さんが企画したものだ。

僕がよく酒を飲みに訪れるお隣りの弘前《ひろさき》では、「『津軽路ビール』の相馬さん？　いろいろ面白いことをやっている人だよ」と、噂を耳にすることがしばしばあった。大鰐のキーマンとしての活躍ぶりが窺え、一体どんな人物だろうかと、この日、僕は胸を高鳴らせながらそうま屋酒米店を訪ねたのであった。

「第二の夕張」から脱却するために

「私たちはこの大鰐の地域おこしをトータルで考えており、『津軽路ビール』もそのためのひとつなんです。8年前に町づくり会社を立ち上げて、現在は官から引き継ぐかたちで『鰐

今から15年前に、大鰐に元気を取り戻したい一心から『津軽路ビール』を開発した相馬さん。さすが、青森の地酒に関する造詣は深い

come』を経営していますが、行く行くは町内にレストランを併設し、津軽路ビールのブルワリー建設も計画しています。将来的には大鰐産の麦やホップでビールを造り、ここに多くの雇用を創出できればなおいいですね」

そう語る相馬さんの名刺には、「プロジェクトおおわに事業協同組合・副理事長」との肩書きが記されており、この名刺がそのまま入浴招待券を兼ねている。名刺交換がそのまま外来者のもてなしに直結する、とても粋な工夫だ。

相馬さんがこうして地域おこしに取り組むようになったのは、町の大人たちのネガティブな声に触れたことがきっかけだという。

「財政危機に陥った時、町の誰もが〝これはマズい〟と青ざめました。そして一部の大人たちは、自分の子供にこう言うようになりました。『この町は借金まみれになってしまったから、勉強していい学校に進んで、東京で暮らせるように頑張りなさい』と。つまり、この町はもうダメだと、大人たちが諦めてしまっていたんですね」

かくいう相馬さん自身にも、そうした気持ちがまったくなかったかと言えば嘘になると振り返る。しかし、だからこそ、まずは自分たち大人の意識改革が急務なのだと、危機感を募らせた。

「大鰐には、よそに負けない素晴らしい魅力がたくさんあります。それをちゃんと生かせば、この町は必ず再生できるんだということを、大人たちが次の世代に示さなければなりません」

たとえば、最近テレビや雑誌で取り上げられる機会の多い「大鰐温泉もやし」にしても、この地域ならではの名物を売り出そうと、町を挙げて努力した成果のひとつだ。

大鰐温泉もやしは、温泉水と温泉熱を用いた独特の手法で栽培されたもやしで、この界隈ではおよそ400年前から収穫されてきた伝統野菜である。あいにく品薄で、全国どこでも手に入るものではないが、大鰐を訪れた際にはぜひとも味わってみてほしい。豊かな香りとシャキシャキとした食感は、たしかに一般に流通するもやしとは一線を画しているのがわかるはずだ（ちなみに僕はラーメンのトッピングで食べました）。

毎回2トンの水を宮城県へ運搬

さて、本題の『津軽路ビール』に移ろう。前情報から、醸造は県外で行なっていると聞いていたので、いわゆるOEM生産と解釈していたが、そうではない。

「宮城県の大郷町にある松島ビールさんに協力してもらい、設備をお借りしています。もう、かれこれ15年前からずっと、大鰐から毎回2トンの水をトラックで運び、タンクでビールを仕込んでいるんです」

これにはちょっと驚いた。

相馬さん自ら、何時間もかけてタンク車に水を積んで運搬し、醸造タンクをひとつ間借りするかたちでビールを醸しているというのだ。単純に醸造を「発注」する形式は少なくないが、これはあまりないパターンではないか。

「我ながら、変なことをしていますよね。一度の仕込みが2トンですから、残量が500リットルを割った時点で、すぐに水を汲んで宮城県へトラックを走らせるんです。頻度に

大鰐で3代続く酒販店「そうま屋米酒店」。全国を飛び回る相馬さんに代わり、夫人が店頭に立つことが多いという

して、およそ年に3、4回でしょうか」

水は地元、大鰐あじゃら山系の伏流水を汲み上げる。大鰐自慢の湧き水が、ビール造りに適した水質であることを突き止め、これがそのまま津軽の地ビールとしてのアイデンティティーとなっている。

そうして仕上がった『津軽路ビール』の販路は、自らの店や町内の旅館でボトル売りするほか、「鰐ｃｏｍｅ」に生サーバーを設置。このほか、県内の他の地域への出荷が主であるという。

地域おこしの努力の賜物か、あるいは昨今のクラフトビールブームの恩恵か、需要は年々上がっているそうだが、「これまで一度もロスを出したことはありません」とは頼もしい。

「この町を元気にしたいという思いが、地ビールという発想に繋がったのは、やはり私自身が酒飲みだからでしょうね（笑）。ただ、私がこの『津軽路ビール』をやりたいと言い出した時は、ちょうど各地の地ビールが下火になり始めていた時期で、周囲の反応は冷ややかなものでした。うまくいくわけがない、地ビールの時代はもう終わりだ、と。でも私としては、きっとやりようはあるはずだと確信していました」

よそにはない、津軽ならではのビールを！

94年にクラフトビールが解禁された際、かつての竹下内閣がふるまった「ふるさと創生資金」の使いみちとして、地ビール開発に乗り出した事業者は少なくなかった。しかし、どこも似たような造り方で、似たような味に仕上がっている点に、相馬さんは少なからず不満と違和感を覚えていたという。

「コンサルタントに勧められるまま、明確なコンセプトも持たずにビールを造り、あえなく失敗するようなケースを、酒屋としていくつも見てきました。だから私は、そうした失敗事例とは真逆に、日本人の味覚に合い、和食ともよくマッチする、それでいて無理なく

大鰐温泉駅の目の前に建つ温泉施設「鰐come」。広々としたスペースで、近隣住民の憩いの場となっている。『津軽路ビール』の生樽も設置！

飲み続けられるピルスナーを造ろうと考えたんです」

仕事柄、酒造メーカーとの付き合いは多く、プラントもほどなく松島ビールと話がまとまった。

「幸い、大鰐は良質の水源に恵まれた土地柄でしたから、津軽の地ビールを名乗る以上、この水を使わない手はないと思いました。すぐに500リットル納まる農業用タンクを4本手配して、それに水を詰めて宮城へ持って行きました」

レシピについては、自らのイメージを松島ビールのスタッフと入念な意見交換を重ね、「どこにもない、津軽の地ビールならではの味を造りたい」との思いを実現した。

夕日を受けて逆光になる岩木山の姿がラベルにあしらわれている。この美景を望む「津軽路」もまた、大鰐の財産だ

「私自身、さんざん全国のビールを飲み歩いてきましたが、『津軽路ビール』はどこの地ビールにも似ていません。香りが高く、味は濃厚でありながら、決してベタベタしていない。販売開始直後は、『1本800円もするビールなんて、一体誰が買うんだ？』と、相変わらず批判的な声が少なくありませんでしたが、まあ出る杭が打たれるのは田舎の常ですから、もう慣れました。実際、ほどなく固定ファンもつき始めましたしね」

そんな『津軽路ビール』が、都内の大手百貨店が主催したビールフェアで、2年連続売上げトップを記録するなど、県内外から高い評価を得るようになったことは、痛快というほかない。

もっとも相馬さんにしてみれば、「さもありなん」といった心境かもしれないが。

「地ビール」ではなく「路ビール」

ところで、『津軽路ビール』はなぜ、「地ビール」ではなく「路ビール」なのか。由来を訪ねると、そこにはラベルのデザインになぞらえて、郷土愛たっぷりの理由付けがあった。

「遊び心の延長ではあるのですが、日没前に大鰐から弘前に向かっていく道中、ちょうど岩木山《いわきさん》に夕日がかかって見えるんです。その〝路《みち》〟の美しさを表現できないかと、夕日が沈んだ直後の岩木山の姿を、ラベルにあしらいました」

津軽路の美しさ。これもまた、地域が誇る魅力であり、財産というわけだ。モノクロ写真では伝わりにくいのが残念だが、美景《びけい》をそのままネーミングとラベルに詰め込んで、『津軽路ビール』は世に放たれたのである。

なお、そうま屋米酒店の取り引きネットワークは全国に広がっており、津軽の地酒を各地の飲食店に卸す〝ハブ〟的な役割を担ってもいる。遠からず、相馬さんらのスピリットと一緒に『津軽路ビール』が日本中に展開される日が来るかもしれない。

伝統と遊び心に満ちた大鰐の魅力

大鰐の地域おこしに並々ならぬ情熱と労力を注ぐ相馬さんだが、その原動力となっているのは、誰よりも深く実感しているこの町の魅力そのものだ。

「私が考える大鰐の売りは、大きく3つ。まず、食材ですね。大鰐温泉もやしもそうですが、大鰐高原りんごも昔から東京、大阪の市場で高く評価されてきたブランドです。それから、800年の歴史がある温泉。大鰐は津軽で最も古い温泉街で、津軽藩の奥座敷として栄えてきました。およそ750年前に造られたという大日如来像《だいにちにょらい》を目当てにやってくる歴史マニアの方も少なくありません。そして最後に、ゲレンデやパワースポットなどを備えた〝場所〟としての魅力。秋田県大館市《おおだて》との県境の山頂に、まるで空から降ってきたような巨大な石が刺さっているんです。『石の塔』というのですが、トレッキングがてらこれを見物にやってくる方も多いですよ」

津軽には「石の塔見ねうぢ、でっけいごとしゃべらいねぞ（石の塔を見ないうちは大きなことは言えないよ）」という格言めいた言葉が伝えられている。つまりはそれだけ巨大で異様な光景ということだが、こうした伝承が転じて、今では毎年6月に「万国ホラ吹き大会」という、いかに大きなホラを吹くかを競い合うイベントが催されている。

余談になるが、同じく津軽の鶴田町《つるた》では、その町名になぞらえ、ハゲ頭を地域おこしの材料にしていたりもする。頭に吸盤をくっつけて引っ張り合う綱引き大会が催されるなど（ちなみに主催団体は「ツル多はげます会」という）、津軽は遊び心の宝庫なのだ。

ともあれ、あの手この手で地域活性化に取り組む人々に触れ、むしろこちらが元気にさせられる思いである。相馬さんは「生き残るのではなく、勝ち残らなければいけない」と気構えを語るが、アイデア次第でそのために手を付けられることは山ほどあるのだと思い知らされる。

地ビールは、そうした取り組みの一端に触れる、取っ掛かりのひとつであっていいのだろう。

ビールをクラフト！体験記⑤

モルトエキスに水を加える。

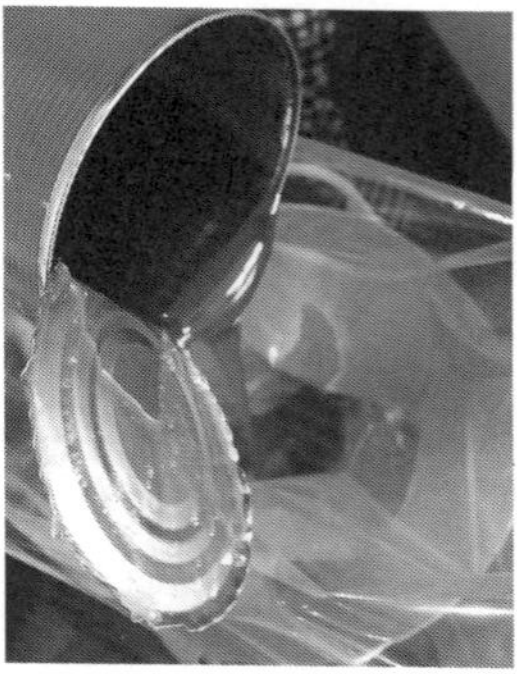

モルトエキスの湯煎が完了したら、キットに同梱されていた厚手のポリ袋を、ランドリー用バケツの中に広げて固定。このあたりの行程から、「ホコリなどが入らないよう細心の注意を！」と取説に書いてあり、妙に緊張する。先にキッチンまわりの掃除を入念に行なうべきだったかも。

ポリ袋に3リットルの水を投下。「清潔な水を」と指定してあったので、普段飲んでいるミネラルウォーターを使おうと思ったのだが、困ったことに僕は硬水派。それも、硬度1500mg/Lくらいある硬〜い水なので、これはいかにもビールに不向き。結局、東京の水を信じて水道水を使用した。

そして、水に続いて湯煎したモルトエキスを投下！　麦の香りがぷんと漂い、早くもブルワーになった気分。

（つづく）

障碍者の包括支援のために
ビール造りで雇用創出を目指す！

京都市左京区・一乗寺ブリュワリー

京都・一乗寺ブリュワリー
Kyoto Ichijoji Brewery

クラフトビールは町おこしにもビジネスにもなり得るものであり、本書ではこれに「紀行」を掛け合わせてルポルタージュに取り組んでいるわけだが、京都の一乗寺《いちじょうじ》ブリュワリーは、「福祉」という新たな視点を持ち込んだマイクロブルワリーだ。

平安中期に存在した、天台宗の寺院に由来を持つ一乗寺エリアで同ブルワリーが醸造を開始したのは、2011年6月のこと。オーナーの高木俊介《たかぎしゅんすけ》氏は、ACT（Assertive Community Treatment）と呼ばれる、日本で初めて往診型の精神科診療を実践した医師である。ブルワリーとして何より独特なのは、最終的にはここを、重度の精神病患者の雇用の場として活用するという目標を持っていることだ。

「精神障碍者への社会復帰支援は、現状、非常に遅れています。そこでオーナーの高木は、その足がかりのひとつとして、このブルワリーを立ち上げたんです。なぜビールだったのかといえば、ほどなく全国的な地ビールブームが到来するであろうという、オーナーの考えに基づいてのことのようですね」

そう語るのは、ブルワーの横田林太郎《よこたりんたろう》さんである。そして、その予想はまさしく的中していると言える。

現在はまだその機能を担っていないが、近い将来、雇用の場とするために、まずはビール造りをしっかり軌道に乗せる必要があると、横田さんは語る。ここはいわば、一乗寺ブリュワリーというブランドを確立するためのラボであり、実際に精神障碍者を受け入れる段になれば、そのための施設を別に用意することも想定しているという。

少し専門的な話になるが、ACTとは、重度精神障碍者に対して、医師、看護師、福祉士らが包括的に支援する仕組みのこと。本来、何らかの障碍や疾患を持つ患者は、病院へ行って治療を受けるのが一般的だが、精神障碍の場合は、社会との摩擦に苦しめられる患者が多く、いかに社会生活との折り合いをつけるかが重視される。そのための手助けを行なうのが、欧米で提唱されてきたACTという活動概念だ。

本書の執筆にあたり、全国様々なブルワリーを巡ってきたが、よもやこうした社会貢献を念頭に営まれるブルワリーが存在するというのは、驚きであり感動的である。

一乗寺で出会った対象的な2人のブルワー

一乗寺ブリュワリーの立ち上げは2011年だが、現在の座組は実はまだ新しい。現場を任されているのは、横田さんともう1人、醸造責任者の林晋吾《はやししんご》さんの2人。この体制になったのは去年のことだ。

昨年、新体制となった一乗寺ブリュワリー。現在のブルワーは理論派の横田さん(左)と、感覚派の林さんのお2人。名コンビである

林さんは大学で生物工学を学んだ後、京都の酒蔵に就職。そこでビールと日本酒の醸造を任されることになったのがキャリアのスタート地点だ。

「決して大きな蔵ではありませんでしたが、普段は地ビールを、冬場は日本酒の仕込みを担当するなど、醸造のノウハウを15年ほど現場で積みました。ちょうど、そろそろ新たな環境を……と求め始めた矢先に、オーナーの高木に声をかけてもらったのが、一乗寺ブリュワリーへ来るきっかけでした」

ブルワーとして十分なキャリアを持つ林さんだが、当初はマイクロブルワリーという形態がやはり新鮮だったようで、「直火で酒を仕込むというのも、ここへ来て初めて経験した

ことです」と語る。

「現在、醸造に使用しているのは200ℓの発酵タンクが4本。今うちでやっているエールタイプのビールは、発酵期間や熟成期間がさほどかからず、その点からしても日本酒の仕込みと大きく勝手が違います。また、前職ではボタンひとつで済んだ作業でも、ここではすべて自分の手加減に左右されますから、感覚に頼らなければならないことも多く、それが楽しいところでもありますね」

すべての作業がビールの質に直結するため、発酵中は休日も目が離せないと林さんは言うが、その表情は充実感で満たされている。あらためて手作業中心の現場にふれることで、欧州で古くから営まれてきたビール造りの基本に立ち返る思いでいるというから、ブルワーとしての強い向上心を感じさせる。

一方の横田さんは、大学院を出てすぐに一乗寺ブリュワリーにジョインして、現在3年目になる。

「高校時代に授業の一環で、畑から微生物を採取する実験を行なっていました。この時、およそ40億年近くもの長きにわたって地球に存在する微生物が、いかに日本の食文化に影響を与えてきたかを知り、それを経験的に活用してきた日本人の知識に強い関心を持ちました。そこで卒業後は東京農業大学の醸造科へ進むことに決めたんです」

微生物の姿をずっと追い続けていきたい。そんな純粋な研究意欲に突き動かされた横田さん。将来的な進路を味噌にするか、それとも酒にするか、思案するなかでたまたま縁が舞い込んだのがクラフトビールだったというわけだ。

「オーナーの高木はもともと私の実父と仲が良く、それが接点になりました。学生時代にホームレスの支援団体に所属してボランティア活動に取り組んでいたこともあり、高木の活動を知った時、すぐに自分が学んだ醸造の知識が生かせるのではないかと考えました。それが京都へ来たきっかけです」

ちょうど初代ブルワーが退職した矢先であり、2人との出会いは一乗寺ブリュワリーにとっても渡りに船であったことだろう。

理論派と感覚派の理想的なマリアージュ！

現場で叩き上げられ、生きた知見を豊富に備えた林さんと、いかにもインテリ肌の横田さん。タイプもルックスも真逆の両者だが、傍目にも非常に相性のいいコンビに見える。実際、2人は互いに「日々、教わり合っている」と口を揃え、相乗効果で質の高いビールを

現在は樽での販売のみに絞っているが、ファンは着実に増加中だ

作り出している様子が窺えるのだ。

毎日2人で同時刻に出勤し、作業にあたっているそうだが、明確な役割分担はまだない。

「ビールの設計については、2人でよく話し合って決めています。この体制になってから、今日までに20本ほどの仕込みをこなしてきたと思いますが、ようやくお互いの得意パートがわかってきたところですね」（林さん）

いわく、横田さんが理論派なら、林さんは感覚派。相反する両者に思えるが、とくに意見がぶつかることがないのは、「互いの意見に、納得すべき点が多々あるから」（横田さん）なのだそう。

現在のラインナップは、定番4種、準定番が4種という構成がベース。ただし、どの

今は2人だけの“仕事場”。だが、やがて一乗寺ブリュワリーが掲げる壮大な目標が実現すれば、活気ある職場に変貌するはずだ

ビールを定番にするか、細かな布陣についてはまだ熟考中だ。また、現状は瓶詰めして売ることはしておらず、樽での取り引きに絞っている。

ただ、その一方で、生産量と販路の拡大もまた、ここを雇用の場とするためには不可欠で、関西圏のビアフェスの類いには積極的に参加し、〝一乗寺ブリュワリー、ここにあり〟と存在感をアピールしてもいる。2人が造るビールは関係者から高い評価を得ており、その知名度は確実にファンの間にも浸透しつつある。

アメリカンとはまた異なる、アイリッシュタイプの「一乗寺レッドエール」。キャラメルを思わせる甘い風味にご注目！

また、2人はビールの仕込みの間隙を縫って、不慣れな営業にも勤しんでいる。街の飲食店に飛び込み営業をかけることもあれば、林さんが15年のキャリアの中で培ってきたネットワークに頼ることもある。

商売のためにやるのではない。しかし、目的のためには、商売として成立させることが何より重要。見据える先の明確なビジョンは、2人とっての大切な道標だ。

「まだまだ今の段階では夢物語に近いですが、将来的には自前の農園を用意して、そこで栽培したハーブ、スパイス類を使ってビールを造ることができればと、オーナーとよく話しているんです。その農園もまた雇用の場になるでしょうし、有意義ですよね」（横田さん）

崇高《すうこう》な志の下に集った2人のブルワーが醸すクラフトビール。味わってみたくならないわけがない。

取材の後、2人が勧めてくれた市内のビアパブに立ち寄ってみた。首尾よくありついたのは「一乗寺ベルジャンウィート」と「一乗寺レッドエール」の2種だった。

前者は紅茶に似た甘い風味を湛《たた》えたベルギースタイル。後者は優しい焙煎香が特徴的なアイリッシュ。

いずれも周囲のクラフトビール愛好家に無条件に勧めたくなる美味で、早く中央の酒場でも普通に飲めるようにならないものかと、思わず身勝手な願望が頭をよぎる。たまたま、隣席の外国人観光客が、「一乗寺レッドエール」を美味そうに飲み干している様子を目にした時には、なんだか誇らしい気持ちにさせられたものである。

今はまだ、比叡山の麓で看板も掲げずにひっそりと営まれている、小さな小さなブルワリーにすぎない。しかし、2人の造るビールを味わうにつけ、壮大な目標の実現には、さほどの時間を要さないだろうと実感する。

ぜひ、一乗寺ブリュワリーのこれからにご注目いただきたい。そして京都散策の折には、ぜひ彼らが胸を張って送り出したビールの数々を味わってみてほしい。

ビールをクラフト！体験記⑥

エアレーション。

水とモルトエキスを加えたポリ袋に、さらに同梱のブドウ糖を追加。そして口をねじって外に飛び散らないようにして、全力で撹拌する。

中身がしっかり混ざるように、そしてできるだけ泡が立つように意識しながら、バケツごとせっせと振り回す。なかなかの重労働だが、早くもここで見られる泡はビールのそれで、テンションが上がる！　この作業をエアレーションというらしいが、要はモルトエキスとブドウ糖が混ざったウォートに、酸素をしっかり溶かし込むための作業、らしい。

どのくらい振ればいいのかよくわからないので、とにかく振り過ぎるくらい振る。そして、気が済んだところで、トータルが10リットルになるよう計算して、水を加える。もともとのモルトエキスの量と、最初に加えた水の量をきっちり計算して、加えるべき水の量を算出。単純な計算のはずだが、これから発酵という化学反応が控えていると思うと緊張して、何度も検算してしまった。

（つづく）

世界遺産の傍らで職人魂を発揮
本格志向の『反射炉ビヤ』に酔いしれる

静岡県伊豆の国市・株式会社蔵屋鳴沢

幕末の頃、欧米諸国に対抗する武力を確保するため、金属を溶かして大砲を鋳造《ちゅうぞう》していた韮山反射炉《にらやまはんしゃろ》。これが2015年の夏に、「明治日本の産業革命遺産」のひとつとして世界遺産に認定されたことは記憶に新しい。

記録によれば、こうした金属融解炉《ゆうかいろ》は全国に10箇所以上建造されているが、実際に稼働したもので現存しているのは、この韮山反射炉のみである。おかげで観光客が絶えない伊豆の人気スポットとなっており、反射炉に隣接するレストランや土産店も季節を問わずにぎわいを見せている。

僕が初めてこの韮山反射炉を訪れたのは、今からおよそ2年前のこと。まだ世界遺産登録前だったが、ちょうど戦争遺跡の取材を進めていた最中で、安政4年（1857年）に竣工したというこの貴重な歴史の名残に、大いに関心を持って赴いた。

果たして、天井からの反射を生かし、千数百度にまで高めた熱で銑鉄《せんてつ》を溶かしたというテクニカルな遺構《いこう》は、役割を終えて久しい今も静かな迫力を湛えていた。往時《おうじ》の熱気を想像しながら周囲を歩くのは、なかなかオツなひとときである。ちなみに東京・お台場に据えられた大砲も、ここで鋳造されたものだ。

しかし、帰路につく頃には、こうした文化遺産とは別のものに心を奪われて帰ることになるのだから、旅とは面白い。これ以降、僕は幾度となく韮山反射炉を再訪することになるのだが、お目当ては土産店でたまたま見つけた、『反射炉ビヤ』という地ビールだった。

売り場の一角にサーバーがあるのを見かけ、乾いた喉を潤そうと何気なく一杯いただいて——おや、と刮目《かつもく》。フルーティーな吟醸香を漂わせた、なんともいえない旨味が舌から喉を通り抜けていく。

この際に脳裏をよぎったのは嬉しい誤算にも似た驚きで、要するに僕はこのビールを、単なる観光土産と侮って口にしたわけだ。

その場でスタッフの方に少し話を聞いてみると、反射炉の世界遺産登録へ向けた動きが始まるよりもはるかに前から、ここで地ビー

今春からラベルデザインが一新された『反射炉ビヤ』。イラストをあしらったアーティスティックな装いに変更されている

ルを醸しているという。そばに設えられた専用コーナーを覗いてみると、4～5種類のラインナップがボトルで陳列されている。ちなみに僕がこのときに飲んだのは、「大吟醸政子《だいぎんじょうまさこ》」という銘柄であることが判明。その名の通り、大吟醸酵母を用いた珍しいビールだった。

韮山ビールと名付けず反射炉ビヤとしたネーミングセンスもさることながら、ブルワリーとしては実にユニークな立地である。大砲を鋳造していた炉の傍らで、これほどハイレベルなビールが生まれた背景に、たまらなく興味が湧いてきた。

今回、その仕掛け人に話を聞くことができたのは、僕にとって2年越しの悲願ということになる。

『反射炉ビヤ』醸造開始は19年前

取材にご対応いただいたのは、反射炉周辺の観光事業を一手に引き受ける、株式会社蔵屋鳴沢《くらやなるさわ》の稲村秀宣《いなむらひでのり》さんと阿久澤健志《あくざわけんじ》さんのおふたりだ。稲村さんが経営戦略面を担い、阿久澤さんがブルワーを務めている。

『反射炉ビヤ』のスタートは、今から19年前（1997年）。94年の酒税法改正を受け、観光資源のひとつとしてブルワリーの立ち上げを思い立ったという点ではご多分に漏れないが、現在ビール工場やレストランが置かれている敷地ではもともと、明治の頃まで造り酒屋が営まれていたのだそう。こうした土地の履歴は地ビール醸造に直接繋がってはいないが、少なくとも醸造文化と無縁ではない場所柄だったわけだ。

「我が家はいわゆる地主の家系で、近隣の農家から納められた米を使い、清酒を醸していたようです。90年代に観光ブームが訪れた際、それならこの韮山でも地ビールを、という発想に至ったのは、わりと自然な流れだったと思います」（稲村さん）

現在、定番のラインナップは4種類。イングリッシュペールエールの「太郎左衛門《たろうざえもん》」、アメリカンペールエールの「早雲《そううん》」、ブラウンポーターの「頼朝《よりとも》」、そして大吟醸酵母を用いた「大吟醸政子」をレギュラー展開しながら、ここに2〜3カ月に一度、限定商品を加えていく。

クラフトビールの布陣《ふじん》としてはやや独特な印象を受けるが、ブルワーの阿久澤さんは、「いま売れているからと無闇にIPAを造るようなことはせず、『反射炉ビヤ』ならではのラインナップにこだわりたかった」と方針を語る。

反射炉の世界遺産登録に加えて、昨今のクラフトビールブーム。第三者的な視点からすれば、追い風となる材料に事欠かない絶頂期を迎えているように思えるが、2人にその意識は希薄だ。

「世間の流行りを気にするよりも、なぜそのビールを造るのか、なぜそれを造ればお客さんに喜んでもらえるのかを、しっかりと考えていきたいと思っています。ただ、観光型の地ビールであることは間違いないので、地元の素材は大切にしています。製品にこの地域の著名人を冠しているのもその一環ですね」

そう語る阿久澤さんは、韮山ではなく埼玉県の生まれ。前職は都内で研究職に就いていたという阿久澤さんが、ブルワーとして蔵屋鳴沢に入社したのは3年前のことである。

ビール醸造の現場に従事するのは初めてで

網焼レストランに併設されているブルワリー。今後日の目を見るかもしれない試験醸造ビールも垣間見られた

も、もともと化学のスペシャリストであることは大きなアドバンテージであり、並々ならぬこだわりと意欲をもって『反射炉ビヤ』にジョインした。

入社するやいなや、『反射炉ビヤ』の醸造プロセスや展開手法に、多くの改善点が見えたと阿久澤さんは振り返る。

「僕は他所から来た人間ですが、だからこそ見える韮山の良さというのがたくさんあるんです。ちょっと地面を掘れば縄文時代の土器がごろごろ出土し、歴史にゆかりのある有名人も多いこの地域は、それだけでも十分に魅力的。たとえば反射炉の製造を指揮した江川《えがわ》太郎左衛門英龍《ひでたつ》にしても、県外の人にはほとんど知られていませんが、戦時中、この地域の農兵部隊（有事に武器を取る農民）を組織した人物で、これは後の騎兵隊のモデルとなっています。訓練時の『右向け右』の基本動作もこの太郎左衛門が考案したもので、創意工夫と実行力に長けた人物であったことがよくわかります。こうした土地の偉人を、もっとPRしなければもったいないと強く感じます」

反射炉の生みの親とも言うべき太郎左衛門の名をラインナップに拝借しているのも、その物づくりのスピリットにあやかりたいという想いがあればこそ、なのだ。

温故知新の精神でビールづくりに取り組む

経営者と職人。ビールづくりを共にするようになった当初は、互いの方針とこだわりがぶつかることも少なくなかったと口をそろえる2人だが、〝美味しいビールを造りたい〟という想いは完璧に一致している。

「単純に、ホップを利かせたIPAを造れば、喜んでくれる方は一定数いるでしょう。でも、ただ流行に迎合《げいごう》するのではなく、マイクロブルワリーとしてのブランドは大切にしていきたいですからね」（阿久澤さん）

前出の「大吟醸政子」にしても、発酵しにくい吟醸酵母の制御に苦労し、リリース当初はなかなか味が安定しなかったというが、阿久澤さんの参加でようやく納得のいくクオリティに仕上がった。

そんなチャレンジ精神旺盛な『反射炉ビヤ』だから、この次にどんな球種が控えているのか、やはり気になるところである。それとなく水を向けてみると――。

「いま試験的に小規模醸造しているのは、杉樽を使ったビールです。杉の香りと、樽に棲んでいる菌の働きによって、複雑なフレーバーが実現できるのではないかと、あれこれ試しているところなんです」（同）

ちなみに杉を材料とする酒樽は、その昔、ここで清酒造りが行なわれた時代に生産が盛んであったもの。こうして杉樽を復活させることにより、樽を作る職人への支援、そして日本の伝統を守ることに繋げたいという。「古き良きものを見直して、それを応用することで革新的なことができれば理想的」と阿久澤さんはこの先の展開を見据えている。

もともと当代の社長が命名した『反射炉ビヤ』の名称も、あえて「ビア」ではなく「ビ

次なる隠し玉は、杉樽を用いたビール。香り豊かな逸品が期待される

ヤ」と表記したのは、古き良き語感を重視したからなのだそう。まさしく、温故知新の精神はしっかりと現場に受け継がれている。

最後に稲村さんは、目を細めてこんな思いを語ってくれた。

「韮山反射炉は世界遺産に登録されてすっかり有名になりましたが、最近たまに、『逆に、反射炉という言葉はビールの名前で知った』というお客様もいるんです。これは嬉しいですよね。地道に質のいいビール造りに取り組んできたことが報われたような気持ちになりました」

脚光を浴びる観光地の背景にある、もうひとつの物語である。

本場ドイツからやってきた名ブルワーが造る『小樽ビール』

北海道小樽市・小樽倉庫No.1

北海道の運河の街、小樽《おたる》。歴史的名所を数々残す、全国有数の人気観光地であるこの街にも、本格派のドイツビールを醸すブルーパブがある。『小樽ビール』として当地の人気を集めるクラフトビールは、ドイツからブルワーを呼び寄せて造られる、正真正銘、本場の味を再現した貴重なビールだ。

今回お邪魔したのは、運河沿いの名所・旧小樽倉庫の一角にあるビアパブ「小樽倉庫No.1」。運営するのは、全国でおなじみのハンバーグレストラン『びっくりドンキー』の経営元でもある、株式会社アレフだ。

同社がなぜ、こうしてビール事業に着手することになったのか、その経緯から紐解いていこう。

ドイツの「ビール純粋令」に端を発する

創業は1968年。外食産業のトップ企業がドイツビールと出会ったのは、今から30年も前のことだという。つまり『小樽ビール』は、酒税法解禁による一連の潮流とは、一線を画した存在と言える。

「きっかけは、社としていち早く〝食の安全〟に着目したことでした。当時の弊社は従業

伝統ある小樽の街に溶け込む、『小樽ビール』の看板。思わず足を止める観光客もちらほら

員の平均年齢が約24歳という若い会社で、だからこその青臭い正義感だったのか、お客様が口に運ぶ食材の品質や出処について、ちゃんと知っておくべきだという意見が社内で持ち上がったんです。今でこそ食の安全性を管理するのは当たり前になっていますが、かなり早い段階からこのテーマに目を向けていたと思います。そこで低農薬の米、無添加の肉などの調達にこだわって研究を進め、当時のスタッフがドイツへ視察旅行に出かけたところ、現地のビール文化に出会ったんです」

　そう語るのは、イベントマネージャーを務める佐《さ》藤《とう》祐正《ゆうせい》さんである。ドイツ視察隊はまず、街中のいたるところで出くわすビアホールの存在感に、大きなカルチャーショックを受けることとなる。

「なにしろ向こうには、４０００を超えるビールのブランドがあり、創業３００年、５００年といった店がごろごろ存在しています。おまけに、人口５０００人程度の街にブルワリーが４つも５つも存在し、それぞれが個性の異なるビールを造っている。大手メーカーが造るピルスナーしか知らなかった我々は、ただただ驚くばかりだったのです」

数百年の長きにわたり、住民と共存してきた小さなブルワリーたち。時には評判を聞きつけて、他の地域からビールを目当てにやってくる旅行者の姿も見られるなど、ビールを中心に人が動く様子は、当時の日本にはない現象だった。

「ドイツには、『ビールはその醸造所の煙突の影が落ちる範囲で飲め』という、格言めいた言葉があるんです。つまり、造られたビールは新鮮なうちにその近隣で飲まれるべき、という考え方ですね。それというのも、16世紀に公布された『ビール純粋令』という条例により、麦芽とホップ、酵母、水しか使うことができず、保存料などを加えることを一切許されていないからでしょう。この完全無添加の考え方が、当時の弊社の取り組みと、ぴたりと合致したわけです」

これが、ビール事業に関心を持つ重要なきっかけとなった。

ブルワーの最高峰、ブラウエンジニアが来日

当時、同社が推進していた社訓のひとつに、「豊かさの提案」というものがあった。何をもって「豊か」とするかは様々な解釈がありそうだが、ここでは〝選べること〟が重視された。その点、ピルスナーひとつにも多くのバリエーションを持つドイツビールは、まさしく豊かな分野であり、大きな魅力があった。

これをぜひ日本の市場にも伝えたい。しかし、世はまだ酒税法改正前。自社でドイツビールを造りたいという考えは、しばらく規制の壁に跳ね返され続けることになる。

それでもあの手この手を模索し続けたことが、結果的に万全な下準備となり、1994年にクラフトビールが解禁された暁《あかつき》に、同社はすぐにビール造りに乗り出すことになる。

この際、会社からチームに与えられた指令は唯一つ。「本物のビールを造ること」だった。「本物のビールを造るためには、本物の技術者が必要です。そこでドイツのブルワリーや大学をまわって人材を探し求めたところ、縁が繋がったのが今も『小樽ビール』のブルワーを務めるヨハネス・ブラウンでした」

当時まだ20代だったブラウンさんは、日本でビール文化を花開かせたいという思いに共鳴し、1994年の12月に来日を果たす。

『小樽ビール』直営のビアパブ、「小樽倉庫No.1」。ドイツのブルーパブの雰囲気を再現した空間は、地元客にも観光客にも大好評

これは単なる出稼ぎ感覚ではなく、何十年という時間をかけて、ひとつの国の文化を醸成しようというビジョンを理解してのもの。つまり、「日本に骨を埋める覚悟で来てくれた」というから、ブラウンさんにとっても一大決心だったに違いない。

「我々の思いが通じたのか、生涯をかけて取り組むに値する事業だと感じてくれたのでしょうね。彼に与えられた『ブラウエンジニア』というライセンスは、ドイツ国内で最高峰の国家資格で、これを持つブルワーは日本ではブラウンただ一人。醸造学だけでなく帝王学全般まで叩きこまれた逸材ですから、これは『小樽ビール』の実現に向け、大きな前進でした」

ブラウンさんの来日は当時、解禁間もない日本のクラフトビール業界で、大きな話題になったという。

『小樽ビール』が掲げる100キロ圏ポリシー

かくして、小樽の旧運河倉庫に「小樽倉庫No.1」がオープンしたのが、1995年。小樽のほか、道内に複数の候補地があったそうだが、各地の水を事前に送ってチェックしてもらった結果、「小樽の水がベスト。これならいろんな種類のビールが造れるはずだ」というブラウンさんの判断により、この地に落ち着いた経緯がある。

それから20年以上を経て、『小樽ビール』は確固たる知名度と人気を得るに至ったわけだが、こうした成り立ちを耳にすれば、これが万全にプランニングされ、できるかぎりの準備を凝《こ》らした一大事業であったことがわかる。

現在の定番メニューは「ピルスナー」のほか、コクのあるキャラメルフレーバーが特徴的な「ドンケル」、バナナに似た風味の「ヴァイス」を加えた3種類。さらに季節ごとの限定商品を、これまでに19種類も提供し、地元客や観光客を楽しませてきた。

なお、『小樽ビール』は〝100キロ圏ポリシー〟を掲げており、工場から100キロ

運河倉庫の一角に設けられたブルワリーをご案内いただく。ビールの醸造設備は、見た目にも美しい

以上離れたエリアには、直接納品しない自社ルールがある。これはまさに、煙突の影が落ちる範囲で——というドイツの文化に倣《なら》ったものだ。

つまり、『小樽ビール』はどこでも飲めるものではない。大量物流の時代だからこそ、鮮度と品質が維持される範囲内に商圏を絞り、それにより確かなブランドが育まれてきたのである。

もはや、一連のクラフトビールブームと同列に語ることが憚《はばか》られるくらい、文脈を異《こと》にしている印象だが、おかげで北方《ほっぽう》からこうしてドイツビールの文化が発信されていることは、日本の愛好家にとって喜ばしいことであるはずだ。

来日20年。ブラウエンジニアに聞く

今回、幸運にもそのドイツからやってきたブルワー、ヨハネス・ブラウンさんに直接お話を聞くことができた。以下はその貴重な一問一答である。

――日本に来て20年、小樽での生活はいかがですか？

「いいところですね。寒いのは故郷ドイツも同じですし、とても暮らしやすいです」

――20年前、突然「日本に来てほしい」と言われた際は、さぞ驚かれたのでは？

「そうでもありません。これは面白そうだ、という直感が先に立ちました。当時の日本にはまだ、ビールの種類があまりありませんでしたから、ドイツビールのバリエーションを紹介できるのは有意義だと考えていま

日本で唯一、ブラウエンジニアの資格を保持する、ヨハネス・ブラウン氏

した」

――ドイツと日本では、ビールを造るうえで勝手の違いなどはありませんでしたか？

「麦芽とホップをドイツから持ってきているので、比較的スムーズに進めることができましたよ。水の違いだけが不安材料でしたが、これも事前に水質を調査済みでしたからね。小樽でも本物のドイツビールを造れるだろうという確信がありました」

――小樽の水がビール造りにおいて適していたのは、具体的にどのような点でしょう。

「まず軟水であること。そして、味の濃いビールを造るために、最適なミネラルバランスを備えていたことです。実際、小樽へ来て最初に出来上がったビールは、向こうで造るビールと何ら相違ないクオリティのものでした」

――ドイツのビールと日本のビール、大きな違いはどこにあると感じていますか？

「大手メーカーが造る日本のビールも、十分に美味しいと思いますよ。品質もいいですし。ただ、日本のビールは喉越しが重視されているのに対し、ドイツビールはコクのある旨味を、時間をかけてじっくり楽しむもの。目的も飲み方もまったく別物だと思います」

――日本にもドイツビールのファンがどんどん増えている現状を、どう思っていますか？

「ドイツと同じように、できるだけ地元の皆さんに飲んでほしいという考えを持っていましたから、こうしたブルーパブ形式でやらせてもらえるのはありがたいことです。着実にお客さんが増えているのを感じますし、これは『小樽ビール』が50年後、100年後も愛され続けるために必要なことでしょう」

――最後に、ブラウンさんはこのままずっと日本でビールを造ってくれるのでしょうか？

「そうですね（笑）。皆さんが『小樽ビール』を飲み続けてくれるかぎりは！」

最近はこれを目当てにやってくる外国人観光客も少なくないようで、小樽はドイツビール発信地としてすでに定着しつつある。

ブラウン氏のコメントからも、ここが本物のビールに触れられる、あまりにも貴重なスポットであることがご理解いただけるはずだ。

ビールをクラフト！体験記⑦

クローゼットという名の発酵室へ……。

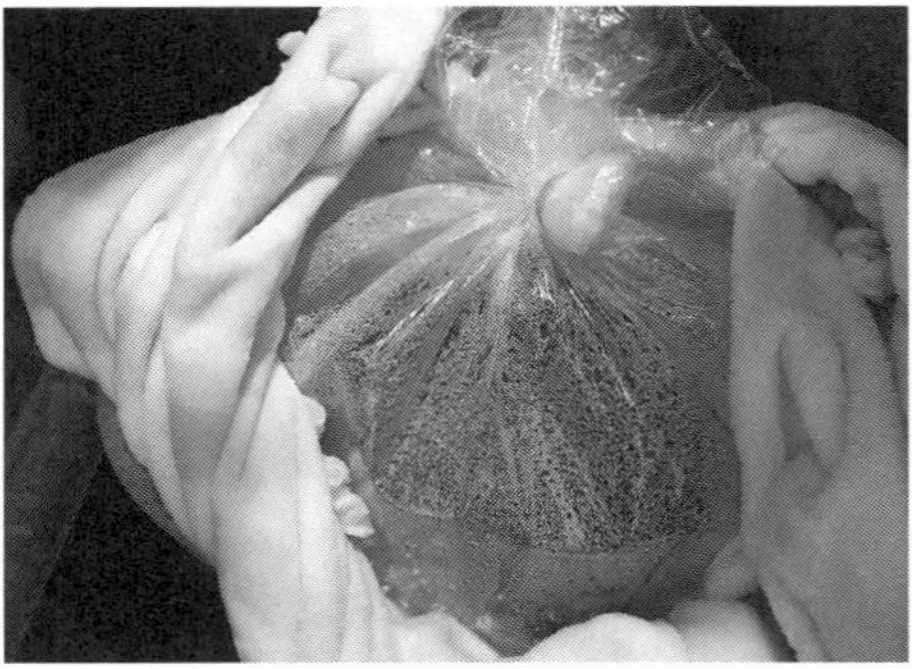

イーストを投入し、さらにエアレーションをして、ひとまずの仕込みは完了である。中身がこぼれないよう、ポリ袋の口を入念にねじり上げ、輪ゴムで縛る。

この時、取説にはウォートの温度が35度以下であることを確認せよとあるが、どう測定していいのかわからない。手のひらでふれてみて、なんとなく自分の体温より低めであることを確認して、よしとする。

というわけで、以上で仕込みは完了である。この後は日が当たらず、ウォートの温度が18〜26度になる場所で発酵させなければならない。春先の時期に仕込んでいたので、我が家の場合は寝室のクローゼットの中が最適と思われた。

なお、この数時間後から発酵が始まった。ウォートの表面にぷくぷくと泡が発生しているのがポリ袋越しに確認でき、今まさに生き物を相手にしている実感が……！　この発酵は10日前後で落ち着くらしい。

（つづく）

スカイツリーのお膝元に誕生した週末のみ営業するマイクロブルーパブ

東京都墨田区・ミヤタビール

東京スカイツリーの完成により、人の流れが劇的に変化した墨田区《すみだ》界隈。交通網の整備に合わせて街の景観も美しく整えられ、多くの外国人観光客が行き交う様子は、かつての下町の雰囲気を感じさせない。

そのスカイツリーのお膝元である押上《おしあげ》や、そこからほど近い錦糸町《きんしちょう》付近は、もともとツウ好みの飲食店が多数集まるエリアと個人的にも認識しているが、ある時、知人に連れられて訪れたミヤタビールは、ビール党をひと目で虜にするとりわけ不思議な魅力を感じさせるブルーパブだった。

週末のみ営業する、シンプルで明快なブルーパブスタイル

オープンからまだ2年とあって、店舗はピカピカ。メインカウンターにスツールが5脚。そして、壁に沿って設えられたカウンター風のテーブル席にもう5脚。限られたスペースを効率的かつスタイリッシュにレイアウトしている印象で、言うなればマイクロブルーパブといった様相の、居心地のいい空間である（最近では「ダウンマイクロブルワリー」とも呼ばれる）。

店内は、さもふらりと立ち寄った感じの常連客や、通りがかりにテイクアウトでビール

東京スカイツリーから歩いて約10分。土日は日中から開けているのも嬉しいポイント

をオーダする地元客など、終始、適度なにぎわいで満たされている。昨今はわざわざここを目指して遠方からやってくるクラフトビール愛好家も少なくないようだが、どちらかというと、地元の人々の生活に、自然に溶け込んでいるイメージだ。

　カウンターに立つ店主の向こうに見える醸造スペースは、こうしたブルーパブの醍醐味というべき風景だろう。鈍く光るステンレス製の醸造機器を横目に見ながら、造りたてのフレッシュなビールを味わうのは、何とも言えず至福のひとときである。

　ちなみに食べ物は提供せず、つまみとして乾き物を置く程度。これほど割りきった様式のブルーパブは、クラフトビール全盛と言われる今日においても、案外珍しいのではないだろうか。

さらには営業形態も独特で、月曜から木曜までは定休日。つまり営業しているのは金、土、日の3日間のみ。それ以外はブルーイングの作業にあてられている。

こんな気になる下町のブルーパブは、いかにして誕生したのか？　店主の宮田昭彦《みやたあきひこ》さんに話を聞いてみた。

「クラフトビールの世界は、気になる造り手にすぐ会いに行けるのが面白いですよね。自分もこうしてブルワリーを始める前に、あちこち好き勝手に飲み歩いていた流れで、宇都宮《うつのみや》の『栃木マイクロブルワリー』さんと出会い、頼み込んでビール造りを教わることになったんです」

出身は神奈川県。地元の工業高校へ進むも、肌に合わずこれは中退。あらためて大検（大学入学資格検定）を取って大学へ進学し、卒業後は光学機器メーカーに勤務したというのが、独立前の宮田さんの経歴だという。

「当時からブルーパブをやりたいという発想があったわけでなく、こういう事業のやり方があるということすら知りませんでした。ただ、いつか自分の手に職をつけたいという思いは、ずっと心の片隅にあったかもしれません」

酒好きが高じ、脱サラして『Miyata Beer』をオープンした店主の宮田さん。その人懐っこい笑顔にもファンは引き寄せられる!?

一度は工業高校へ進んだことからも察せられるように、子供の頃から物づくりには興味があった。大人になって飲んべえライフを謳《おう》歌《か》し始めた宮田さんが、ビール造りに関心を持つのは、自然な流れだったのかもしれない。

会社員時代から錦糸町をホームとし、近辺の酒場に根を張った。やがてそれが高じて、週末だけバーで働くようになったのは、小遣い稼ぎのための副業というよりも、純粋にお酒の世界に携わること自体が目的だった。

「実際、現場に携わっていると、インポーターさんが主催するイベントやセミナーなどに呼んでもらえたり、蒸留所の視察ツアーに参加できたり、いろんな役得がありました。当時はビールだけでなく、何でも全般的に興味があり、たとえばウイスキーであれば、それがどんな樽や原料を使っている酒なのか、店の人からレクチャーを受けながら飲むのが好きでしたね」

やがて高まる興味を抑えきれず、宮田さんは転職を考えるようになる。「どうせ働くなら、好きなことをやりたい」と、酒造りの現場や飲食店など、次の道を模索した。

その過程でマイクロブルワリーという形態を知り、週末のバイトやイベントなどを通して知り合った有識者から助言を受けるうちに、転職ではなく自らブルーパブを独立開業する選択肢に宮田さんはたどり着く。三十路《みそじ》を目前にしての、一大決心であった。

脱サラしてブルーパブ開業へ

準備期間は約1年。２０１3年の3月に会社を辞めて、物件探しをスタート。

飲食事業者の最初のハードルは物件探しだとよく言われるが、宮田さんが求めていた条件は、水回りがすでに整備されていることや、太いガス管が通っていることなどのハード面。これらさえ整えられていれば、工事に要する初期費用が安く抑えられるだろうと考えた。

ほどなく、それらの条件を満たす、かつてラーメン店が入っていたテナントが見つかった。おまけに貸主との間に共通の知人が存在することが判明すると、賃貸条件をいくらか優遇してもらえる追い風も吹いた。

そうした準備と並行して、ブルワーとしての研鑽《けんさん》を積みながら、7月に現在のテナントを契約。そして8月に醸造免許の申請を行ない、翌年3月に晴れて免許が下りると、さっそく初仕込みに取り掛かる。ミヤタビールのオープンは、2014年の4月下旬のことだった。

それにしても、週末しか店を開けないというのは、かなり大胆な営業手法に思えるが、これは宮田さん自身にとっても、ささやかな誤算であったようだ。

「最初はもう少し営業できるかなと思っていたのですが、いざやってみると、タンクの洗浄作業をはじめ、意外と仕込みに時間がかかることがわかり、こういう形態になりました。もっとも、自分は飲食店をやりたかったわけではなく、あくまでビール造りがやりたかったので、今のところはこのペースに満足しています」

現状、宮田さんが造るビールを飲めるのは、このミヤタビール以外では、都内で付き合いのあるいくつかの店舗のみ。たまにイベントに参加することもあるが、それよりも店に顔を見せてくれるお客さんを大切にしたいと宮田さんは語る。また、管理が行き届かなく

月曜から木曜の間は、こちらが仕事場。常に心掛けているのは、「美しいビール」を造ることだ

なることを恐れ、瓶詰めして売る計画は今のところないという。

誰もが飲みやすい、クリアなビールを

そんな宮田さんが、ビールを造るうえでモットーとしていること。それは「綺麗なビールであること」だ。

「もちろん種類にもよりますが、ドイツビールのような飲みやすさや、アメリカンのようにフルーティーな要素、イギリスのビールのようなモルト感は重視しています。濃厚で癖のあるタイプを好む人もいるでしょうけど、うちはビールの繊細な美味しさを感じてもらえるものを造っていきたいですね」

また、季節に合わせていっぷう変わった商

品も登場する。僕が取材に訪れた春先には、ふきのとうを使ったビールが提供されていた。その名も『ふきのとうＧｏｌｄｅｎ』。それなりに多くのブルワリーを回ってきたつもりだが、これはなかなかの変わり種である。

「師匠を真似て造ってみた」というこのビール。1杯いただいてみると、ふきのとうの自然な芳香が鼻先から喉へ通り抜けていくのを実感する。なんとも春らしく、そして端的に「美味い！」と快哉《かいさい》を叫びたくなるクリアな味わいだ。

ラインナップはペールエールやＩＰＡといったレギュラーを含め、常時4、5種類。時期により、コーヒーや生姜、ジュニパーベリーといった素材を用いたビールが人気を博す。こうした小回りの利き方は、マイクロブルワリーらしさの表れと言える。

気がつけば、開業からはや3年を迎えたミヤタビール。自営業ならではの苦労も味わいつつ、それでも好きなビール造りに邁進している宮田さんは、「今後はハイアルコール系や薬草系などで、いろいろ構想を練っています」と、静かに意欲を燃やしている。その様子は、穏やかなる職人といった風。

――ああ、近所にこんな店がほしかった。ひとたびここに足を踏み入れ、その腕前にふれれば、そう胸の内でぼやくこと請け合いなのである。

ビールをクラフト！体験記⑧

サイホンに四苦八苦。

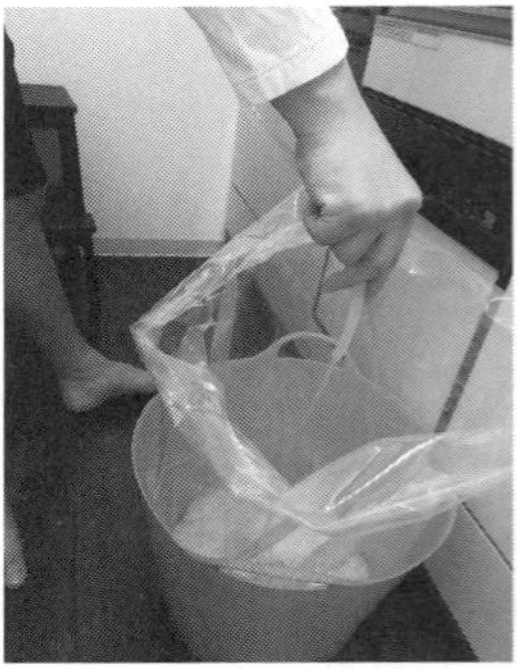

発酵している期間というのは、まるで胎内で成長する我が子を見守るような心境で、無意味に何度もウォートをチラ見しては、「健やかに育つんだぞ」とニンマリしてしまう。すでにこの子が愛おしくて仕方がない。

で、数日で表面の泡がほぼ消え、発酵の終了を確認。その後、2日ほど放置して、プライミングと呼ばれる行程に移る。これは鍋に120㎖の水を入れて、プライミングシュガーを煮溶かして冷ますだけの簡単な作業だ。あわせて、キットに同梱されていたもう1枚のポリ袋を、適当なサイズのバケツにセット。そこに、先ほどのプライミングシュガーを溶かした液体を注ぐ。

問題は、そこに発酵を終えた我が子（ビール）を、サイホンで移し入れる作業だ。シリコンチューブを使うのだが、これが難しい！　ビールを口で軽く吸い上げ、高低差を生かして自動的に排水されるよう仕向けるのだが、吸い上げすぎて未完成のビールを飲み込んでしまったり、暴れるチューブを制御できなかったり……。なかなかの難産。

（つづく）

高校時代に出会った2人で夢を実現
奥多摩に誕生した古民家ブルーパブ

東京都西多摩郡・VERTERE《バテレ》

奥多摩《おくたま》駅からほんの30秒ほどの場所にある古民家が、ビアカフェ「バテレ」として生まれ変わったのは、2015年7月のこと。

ビール専門店という業態自体が、この地域では新鮮に受け止められたが、これがさらにブルーパブにリニューアルしたことで、バテレはいっそう世のクラフトビール愛好家から注目されるようになる。

2人の男性の手によって仕掛けられた、奥多摩発の地ビール。ビールが地域おこしの材料にもビジネスの題材にもなり得ることは、ここまでに綴ってきた通りだが、2人の場合は後者の色が強い。まずは事の発端に耳を傾けよう。

8カ月かけて自ら改装した古民家で

新宿からJRを乗り継いで2時間弱。およそ都内とは思えない雄大な自然が広がる奥多摩は、トレッキングやバーベキュー、釣りなどを目的に、多くの行楽客でにぎわうエリアである。近年ではサイクリストも増えており、周辺にいっそうの活況《かっきょう》を与えている。

バテレはいわば2人組のユニットであり、主に経営面を担当するのが鈴木光《すずきひかる》さん、そして醸造を担当するのが辻野木景《つじのこかげ》さんだ。

JR青梅線・奥多摩駅。風情のある駅舎の背景に、緑豊かな山が連なる。ビール以前に、まず空気が最高に美味い

鈴木さんは八王子《はちおうじ》市、辻野さんは杉並《すぎなみ》区と、いずれも都市部の生まれである。それがどうして、東京の秘境と呼ばれるこの奥多摩で、ビール造りに励むことになったのか。

「辻野とはもともと、高校時代のクラスメートでした。卒業旅行をきっかけに意気投合し、『将来、一緒にビジネスをやろう』と話していたんです。そのまま同じ大学に進み、卒業を迎えることになりますが、その時点ではまだ、〝これだ!〟というビジネスプランは浮かんでいませんでした。それでも、とりあえず資金は作らなければならないだろうと、僕はいったんTOTO株式会社に就職して、福岡で3年ほど営業をやっていました」(鈴木さん)

一方、辻野さんは生家が便利屋を営んでい

（上）手作業で改築した古民家。テラス席も用意され、よく晴れた日には最高のロケーションとなる。（下）バテレ店内。カウンターや床板など、一部に奥多摩産の杉材が使われている

たため、日中は家業に勤しみ、夜はビール好きが高じて都内のブルーパブでアルバイトを始めることに。結果的にこれがそのまま、2人のビジネスプランに直結する。

少年時代に出会ったパートナーと志を共にし、目標達成に向けてひた走る構図は、あたかも名作コミック『バクマン。』の世界観そのもの。地道に資金作りから始め、3年かけて事業計画を熟成させるあたりからして、これが高校生のただのノリではなかったことが窺《うかが》える。バテレは極めて計画的に仕組まれた2人の夢なのだ。

ここまで唯一、計画通りになっていないのは、「場所が奥多摩であることだけ」と鈴木さんは笑うが、これは物件探しの過程でたまたま舞い込んだ縁による。

店舗となっている物件は、長く空き家のまま放置されていた民家。知人のツテからこの物件に出会い、契約したのが2014年の秋のこと。それからおよそ8カ月間をかけて、自分たちの手で改装に取り組んだ。

「水回りや電気工事などを除けば、ほぼすべて自分たちの手作り。穴だらけだった床を張り替え、断熱材を入れ、土を運んで庭を整えて……。わからないことは動画投稿サイトで調べながら、辻野と2人で頑張りました。週末には友達が大勢手伝いに来てくれたりもして、改装費は本来の半額程度に抑えられたのではないでしょうか。ちょっと木材の乾燥が

甘かった部分もあり、1年経って変形してきた場所もありますけど（笑）」（鈴木さん）
もちろん、耐震性など安全面はプロのお墨付き。店内を見渡せば、とても素人の手仕事とは思えないクオリティに仕上げられているのがわかるが、これには辻野さんの便利屋稼業が物を言った。「工具もノウハウもある程度そろっていたので助かった」と鈴木さんは振り返る。
こうした若いエネルギーの流入を歓迎してか、工事期間中の賃料は免除してもらえたというから、界隈のバテレに対する期待は決して小さくなかったはずだ。

クラウドファンディングに着目

入念に事業計画を練り上げた2人のこと。ビアカフェではなく、今日のようにブルーパブとしてバテレを経営する構想は、当初からのものだ。

門をくぐると、すぐ右手に納屋があり、これがそのまま醸造スペースとして使えるだろうと直感したことが、即決する決め手になった。

店舗が決まれば、次は改装や運営にかかる資金の調達に奔走することになるが、ここでクラウドファンディングに思い至るあたりが、いかにも現代的である。

「クラウドファンディングの活用は、開業前から考えていました。しかし、システムを運営する会社に相談したところ、担当の方から『単にビールを売りたいというだけでは、資金は集まりにくいでしょう。醸造免許を取得してからのほうが、反響は大きいと思いますよ』とアドバイスを受けました。そこで、まずはビアカフェとして営業を始め、免許の取得を目指すことにしたんです」(辻野さん)

クラウドファンディングとは、インターネット上で出資者を募るシステムのこと。といっても、投《な》げ銭《せん》感覚で寄付を集めるものではなく、事業の計画や構想をプレゼンテーションし、その実現に賛同する人たちから広く資金を集めるものだ。そして事業が実現した暁には、出資者に何らかのリターンを用意するのがセオリー。率直にいえば、事業主とパトロンをマッチングする仕組みである。

つまり、単に〝ビールを売るカフェをやりたい〟というだけでは、出資者にとって魅力ある案件になりにくい、というのがアドバイスの本旨。ならば〝奥多摩で自家製ビールを造りたい〟としたほうが耳目を集めやすく、このシステムを活用するうえでは有利というわけだ。

「目標調達額は200万円に設定していましたが、システム上で調達できたのは約190

経営担当の鈴木光さん。スタッフTシャツの胸には、バテレのシンボルドッグがあしらわれている

万円にとどまりました。ただ、僕たちがビール醸造を目指していることを知った人のなかには、インターネットを使わない高齢者も多く、店頭で直接出資を申し出てくれた方もいて、最終的には目標を超える金額が集まったんです」（鈴木さん）

その結果、バテレは2016年の春から、めでたくオリジナルのクラフトビール販売をスタートしたのだった。

「資金調達」よりも「宣伝」に活用するというアイデア

酒造りにかぎらず、事業資金調達の手段のひとつとして、クラウドファンディングに関心を持つ人は多いだろう。その活用術について、2人にアドバイスを願った。

「実際にやってみて感じたのは、うちのような飲食店の場合はとくに、資金調達を重視せず、広告と割りきったほうがいいということです。そのため、出資の最低金額を1000円と低く設定することで、多くの人に興味を持ってもらえるようにしましたし、出資者に対する見返りも、できるだけお得なものにしました」（鈴木さん）

なるべく多くの人の目に触れることを優先し、無料の広告としてクラウドファンディングを活用した、というのだ。

そのため話題作りに徹し、奥多摩で面白いことをやろうとしている2人存在を、広く周知させることを徹底した。

「本来、出資者に対する見返りとしては、完成したビールを送るのが、オーソドックスでしょう。しかし、うちはボトル売りをしていないのでそれができませんから、いかに店に来てもらうかを考えました。そこで出資者にスクラッチカードを配布して、それを店で商品券と引き換えられるようにしたんです」（同）

こうした戦略がずばりと当たり、ブルーパブとしてリニューアルを果たしたバテレには、スクラッチカードを手にした新規客が多くやってきた。

醸造担当の辻野小景さんの“仕事場”は、納屋を改装した小さなスペースだ。営業中はフロアにも顔を見せる

店に来れば、一杯飲んで帰りたくなるのが人情であり、奥多摩でビールを飲む心地よさを一度味わってもらえれば、必ずリピートしてもらえる確信があった。

結果、出資者は実に400人以上にのぼり、すでにその過半数が店を訪れてくれているという。2人のコンビネーションは、どこまでも斬新で戦略的だ。

運動の後に好まれるビールを

ビールの醸造については、すでに修行を積んでいた辻野さん。それでも、納屋を改装した醸造所でのビール造りには当初、苦労も多かったようだ。

「最初に造ったビールは、飲めなくはないけど、自分がイメージしていたものとは異なるものでした。そこから少しずつ軌道修正しながら、目指す味に近づけていきました」（辻野さん）

最初のラインナップは、苦め、甘め、そしてスッキリタイプを含めた4種類。場所柄、登山やサイクリングといった運動の後に立ち寄る客が多いため、アルコール度数の高い濃厚なものよりも、滑らかに喉を通るビールを重視したという。このあたりはすでにビアカフェとしてオープンしていたため、客層が掴めていたことが強みとなっている。

「都心のクラフトビール専門店であれば、もっと味や銘柄にこだわりの強いお客さんが多く集まるのだと思います。しかし、ここはそうしたマニアの方だけでなく、本当にいろんな人が訪れますから、飲みやすさは重要だと考えています」（鈴木さん）

とはいえ、チャレンジングな取り組みも忘れてはいない。たとえば奥多摩産のホップを用いたビールを限定的に売りだしたところ、数日で完売してしまったという。この好評を受け、来年に向けて自らホップ栽培に乗り出してもいる。いざ着手してみると、寒暖差の大きい奥多摩の気候はホップ栽培に適していることがわかったというから、これは今後の大きな目玉となるかもしれない。

定番ラインナップから、「クリーム」（左）と「レッドIPA」（右）。季節により登場する限定商品を心待ちにするリピーターも多い

「バテレ」の店名に込められたもの

都市部で生まれた2人は現在、奥多摩に移住している。店に出勤する前には、ホップ畑に水をやったり、必要な買い出しをこなしたり、忙《せわ》しない日々を送る。

不便を感じないわけではないようだが、それを凌《しの》ぐ快適さを実感し、「外でビールを飲むには最高の環境ですよ」と辻野さんは笑う。もちろん、商売上のメリットだって少なくない。

「最初は都心部で店をやる予定でいましたし、一時は僕が働いていた福岡で、という案もありました。しかし、結果的に奥多摩に決めたことは大正解だったと思います。なにしろ家賃ひとつを取っても、都心とはゼロがひとつ違いますから、気持ちに余裕が生まれます。金策の心配をする必要がない分、他のことを考えられるのは大きいですね」（鈴木さん）

春以降はトレッキング客などの観光客がメインになるが、最近では地元の人がふらりと喉を潤しに顔を見せることも多いという。現状、割合にして全体の2～3割が地元客だそうだが、これはきっとまだまだ増えていくのだろう。

ただし、都心からのアクセスが良く、人が集まりやすい立地ではあるものの、奥多摩エリアのネックは冬場である。厳寒《げんかん》の時期にはあらゆるレジャーがストップし、人の流れが途絶えてしまうのだ。

「近所で商売をやっている方からも、『奥多摩の冬はヤバいぞ』と言われます。実際、冬期は休業する店が多いですね。ただ、バテレはビール工場でもあるので、冬は醸造に徹するつもりでいますし、観光客は減っても地元の方はちらほら来てくれますから、店は開けておくつもりです」（辻野さん）

そして、2人の夢にはまだまだ先がある。

「辻野とはよく、3年先、5年先の話をするんです。この店が軌道に乗ったら、他の地域に店舗を増やしていくのもいいし、工場を拡張して外販を増やすのもいい。瓶詰めしてボ

トルで売る準備も進めています」（鈴木さん）

すでに飲食店からの引き合いも、多く舞い込んでいるという。今は奥多摩の一店舗に過ぎないバテレが、全国区のビアブランドになる日も、そう遠くないのかもしれない。

ちなみにその「バテレ〈VERTERE〉」という屋号。これは「ユニバース（universe）」の「verse」の部分の語源となったラテン語から採用したものだという。「方向転換する」、「かき混ぜる」といったニュアンスを持つ言葉で、これはそのまま、サラリーマンから人生の方向転換を図った鈴木さんの人生、辻野さんがビールを造る過程で行なうかき混ぜる動作に通じているのだ。

また、ロゴにあしらわれた犬のアイコンにも、この2人ならではの由来がある。

「意気投合するきっかけになった高校の卒業旅行で、2人でオーロラを見にカナダへ行ったんですが、そこで出会った犬の写真をシンボルとして使っているんです。本当は、他にも一緒に行く予定だったメンバーが数名いたのですが、お金がないとか、スケジュールの都合がつかないといった理由で次々キャンセルされて。結局、ちゃんと計画的に準備できたのは、僕らだけだったんです」（辻野さん）

この旅行が結束を強めた側面は、間違いなくあったと振り返る両者。思うに、計画性や実行力の面で、当時から2人の相性の良さは保証されていたようでもある。

あれから10年。資金も実績もない状態から、手探りでスタートをきったバテレは、着々とファンを増やしている。これからのさらなる躍進に、大いに期待しよう。

ビールをクラフト！体験記⑨

瓶内発酵の始まり。

さあ、いよいよ瓶詰めである。瓶といっても、今回は初めてのブルーイングなので、瓶詰め機などは導入せず、瓶もペットボトルで代用。もちろんこれらをしっかり殺菌する必要があるが、熱湯消毒で済ませようと思ったら、容器が溶けてしまった……。楽しようとせず、ちゃんと漂白剤で殺菌液を作るのが吉だ。

やはり殺菌したお玉と漏斗を使い、用意した10リットル分のペットボトルに、次々にビールを注いでいく。やはり、麦の香りが芳しい。ボトルに納まっていくビールの姿を見ていると、なんだか本格的なブルワーになった気分になる！

すべて詰め終えたら、あとは瓶内発酵へ。炭酸ガスが発生し、それがビールに定着するまで様子を見る。

（つづく）

日本の南国でも活気づく
琉球発
クラフトビールの胎動

沖縄県沖縄市・コザ麦酒工房
南城市・株式会社南都
名護市・ヘリオス酒造株式会社

酒屋の2階がブルーパブにリニューアル『コザ麦酒《ばくしゅ》工房』

オリオンビールの牙城《がじょう》と言うべき沖縄にも、クラフトビールブームの波は到来している。全国から多様なビールを取り寄せて提供するビアパブが増え、新たなマイクロブルワリーもいくつか登場している。

米軍キャンプに近い立地で、「コザ」の通称で親しまれる沖縄市内の一角にも、今とびきり元気なブルワリーが脚光を浴びている。2年前からビールを造り始めたばかりの、コザ麦酒工房だ。

現在はだいぶ落ち着いているようだが、ひところはペイデー（米兵たちの給料日）ともなれば、街全体が夜通し活気を失わず、異国情緒あふれる不夜城《ふやじょう》と化すのが常であったコザ。この街で、親子2代にわたって営まれてきた「とおやま酒店」の2階フロアで、日夜ビール造りに励んでいるのが、店主の大浜安彦《おおはまやすひこ》さんだ。

「うちの酒屋はワインに力を入れていて、僕もワインアドバイザーの資格を取り、酒屋の一角でワインの立ち飲みをやったりしていたんです。ある時、これを目当てにやってくるお

大きなロゴが目印の、コザ麦酒工房。地元客に加え、最近はここを目指してコザを訪れる観光客も増えているとか

客さん向けに、海外のビールを少し入れ始めたところ、アメリカ産のＩＰＡに出会って衝撃を受けました。それまで飲んでいたピルスナータイプのビールとは、味も香りもまったく違う。どんどん興味が膨らんで、あちこちの地ビールを飲みまくっていたところ、海外にはマイクロブルワリーやブルーパブといった業態が浸透していることを知りました。その気になればこういうビールを自分で造ることができるというのは、実に夢があるなと感じましたね」

もし、コザでビールを造ったら、一体どのような味に仕上がるのだろう。そんな好奇心が、やがて具体的なモチベーションへと育まれ、大浜さんは本土のブルワリーで修行を始

とおやま酒店の店内。地下フロアには膨大な数のワインが揃えられている

める。そして、ちょうど自社の2階のテナントに空きが出ていたことから、ここを改装してブルーパブにする構想を持ち始めるのだった。

果たして、2014年の7月にまず、ビアバーとして店をオープン。それから少し遅れ、同年12月に醸造免許が下り、晴れてクラフトビール造りに取り組み始めることに。

コザ初の地ビール「ビッグビーチ」

それにしても、コザという独特な雰囲気を漂わせる街の人々に、こうしたブルーパブはどのように受け止められたのだろうか?

「バーでもなく、居酒屋でもない見慣れぬ形態ですから、最初はピンと来ない人が多かったようです。それに、『コザビールって一体何なんだ?』と、けっこう物珍しがられました。でも、地元の方を中心に、よそにはない自家製ビールが飲めると知ってもらえると、少しずつリピーターが増えていきましたね」

一方で、こんなこともあった。

「うちの酒屋はオリオンビールと代理店契約を結んでいますから、僕がビールを造ると言い始めた時には、やはりオリオンさんの社内が少々ざわついたようです（苦笑）。ただ、ビール醸造を禁じる規約があるわけではありませんし、何よりオリオンビールが造っているピルスナーと、うちが造るようなビールは競合しない確信がありました。結局、一切のお咎めはなく、今のところうまく共存できています」

こうしてささやかに物議を醸すのも酒販店という立場ならではと言えるが、ともあれコザ麦酒工房は順調にスタートを切った。

現在、ラインナップは6種類。そのネーミングを見ているだけでも、大浜さんが心から楽しみながらビール造りに取り組んでいる様子が窺える。

たとえば、記念すべきコザで生まれた最初の1品は、「ビッグビーチ」と名付けられたクリームエール。これは沖縄で盛んなビーチパーティーを意識して、夏の海辺で飲める爽やかなビールを目指して設計されたもの。商品名は「大浜」の英訳だ。

つづいて仕込んだIPAには「エイサーIPA」の名を、ペールエールには「三線《さんしん》ペールエール」の名をと、観光客が大喜びしそうなセンスが続き、メニュー表を眺めているだけで思わずクスリと笑いがこぼれる。「空手黒帯スタウト」に至っては、「単に黒ビールの色とこじつけただけで、深い意味はありません（笑）」と言うものの、インパクトは上々。看板商品のひとつとして人気を博している。

かくして、コザに地ビールが誕生し、着々とその存在感を高めていくのだった。

沖縄らしい地ビールを

コザ麦酒工房の母体である「とおやま酒店」の店名は、もともと親戚筋の屋号で、実質的な創業者である実父に続き、大浜さんで2代目にあたるという。

先代の頃には、造り酒屋として機能していた時期があるそうで、沖縄海洋博覧会の開催に合わせてハブ酒を仕込んで売っていたことも。

「それがこうして、僕がビールを造り始めたというのは、なんだか歴史が繋がったような感じがしますよね。だから今度は、ハブビールを造ろうか、なんて話もしているんですよ（笑）」

秀逸なネーミングの、「空手黒帯スタウト」。思わず写メりたくなること請け合いだ

そうでなくても、沖縄はオリジナリティあふれる資源の宝庫だ。持ち前の発想力で、今後どのような琉球地ビールが登場するのか、興味は尽きない。

「まだ、ようやく6種類出来上がったばかりですからね。これからもっともっといろんなタイプのビールを造っていきたいと思っています。薬草系をはじめ、地元の素材ももっと使ってみたいし、ここでしか飲めないビールを編み出していきたい。……ただ、僕にビール造りを教えてくれた師匠からは、『無理して地場のものを使おうとすると失敗するぞ』というアドバイスもいただいているんです。ネタに走り過ぎず、ビール本来の味を大切にしなければいけないという意味として、肝に銘

大浜さん自ら店頭に立つ。カウンター越しにタップが見られ、その壁の向こう側が醸造室になっている

じています」

ちなみにこの取材の最中、夏に向けた隠し玉として大浜さんが明かしてくれたのは、「タイフーンＩＰＡ」だ。言うまでもないことだが、夏は沖縄にとり、台風が猛威をふるう時期でもある。せっかく来たのに荒天で外へ出られないという観光客は、せめてこのビールで喉を潤して帰れば、いい思い出になるかもしれない。

大浜さんはどこまでも意欲的だ。現在は限られたキャパシティをやりくりし、タンクが空いたら次を仕込むことの繰り返し。順調に増えているファンと、次々に湧き出るアイデアに、早くもこのスペースでは手狭になりつつあるのが実情のようだ。

「現在はまだ外販もしていませんから、ここに飲みに来ていただくか、あるいはビアフェスなどのイベントで飲んでもらうのがメイン。本業は酒屋なので、やはり遠からずボトル売りはやってみたいですね」

イベントにはとりわけ積極的で、都合が許せば全国のビアフェスに出店する。本来、コザでしか飲めないビールを味わうチャンスであり、フリークはぜひ目を光らせておいてほしいところだ。

さらに今年2月には、地元コザで「KOZAクラフトビールフェスタ2016」を開催し、盛況を得た。これは修行を積んだブルワリーの兄弟弟子たちが、毎年集まって実施する研修会に合わせて企画したイベントだそう。本土はまだ冷え込む時期であっただけに、「たぶん、日本で一番早いビアフェスだったんじゃないですかね」と大浜さんは言う。

「基本的には気軽に飲んでもらうことが一番だと思っています。高価になりがちなクラフトビールを、普通使いのビールとして味わってほしい。そのうえで、僕が造るビールがコザへ来る目的のひとつになれば、これほど嬉しいことはないですね」

こうしてコザの街には今、新たな彩りが加えられようとしている。沖縄旅行の一環で、そのプロセスに立ち会うのも一興だろう。

観光客にとっては定番スポット言える「おきなわワールド」。修学旅行の学生や、外国人観光客も多く訪れる

『おきなわワールド』から誕生した〝感謝〟の地ビール

独特の語感で知られる沖縄の方言。もっとも有名なのは、ウチナンチュの気質をそのまま言い表しているようでもある、「なんくるないさー(何とかなるさ)」だろうか。

このほか、「はいさい(はじめまして)」や「めんそーれ(ようこそ)」など、本土でも馴染み深い方言は数多い。しかし、「にふぇーでーびる」を理解できる人は案外少ないかもしれない。これは「ありがとう」を意味する方言である。

この方言を駄洒落のようにもじった地ビールが沖縄に存在する。その名も『ニヘデビール』。感謝の言葉を表現した小粋なネーミングは、観光客にも大いにウケそう。それも納得で、この『ニヘデビール』を醸す南都酒造所《なんとしゅぞうじょ》は、南《なん》城《じょう》市の一大観光施設『おきなわワールド』の中に設置された酒造メーカーなのだ。

大規模観光スポットの中にブルワリーが

ガイドブック片手に沖縄を旅したことのある人なら、『おきなわワールド』についていまさら詳しい説明は不要かもしれない。

沖縄の自然や文化、芸能などにふれられる観光施設で、たとえば琉球時代の町並みを再現した「琉球王国城下町」や、約30万年かけてできあがったとされる鍾乳洞「玉泉洞《ぎょくせんどう》」など、初めて沖縄を訪れるならまずここへ、と言いたくなるほど見どころ満載のスポット。

この中に、ハブ酒やリキュール類を造る酒造所のほか、オリジナルのビールを醸造するブルワリーがある。なぜ、こうした環境で『ニヘデビール』が造られるようになったのか？工場長の我那覇生剛《がなはせいごう》さんにお話を伺った。

「ビールを造り始めたのは2001年から。当時、『おきなわワールド』には年間120万人ほどの来場がありました。すでに規制緩和によって、ビールは60キロリットルから醸造を許されるようになっていましたから、そのくらいの量なら十分に採算が取れるだろうと、施設内にブルワリーを置いたんです。どうせ飲むなら、ここで造ったもののほうがお客さんも喜ぶでしょうしね」

『おきなわワールド』には、２０００名収容できるレストランがある。これは県内最大のキャパシティで、ここで消費が進むだろうとの算段があったと我那覇さんは振り返る。

しかし、『おきなわワールド』が地ビール造りに着手し始めた頃から、訪れる観光客の動向に変化が見え始めた。

「それまではバスで乗り付ける団体客の割合が多かったのが、少しずつ個人客中心に変わり始めたんです。個人で来られる方はやはりレンタカーで移動する人が多いですから、あまりアルコールを飲みません。もう、昼間からビールをガブガブ……という時代ではなくなりつつあるのだと感じましたね。そこで、当初は樽での展開をメインに考えていましたが、お土産用、つまりボトル売りに力を入れることになりました。現在、60キロリットルのうち、およそ25キロリットルをこの施設内で売り、そして35キロリットルを外部に出荷しています」

観光客の減少という向かい風もあったというが、このあたりは全国に沖縄料理店が多く点在する強みと言えそうだ。

なお、敷地内にはレストランとは別に地ビール喫茶も設置され、ここで『ニヘデビール』を味わった人が、気に入って自宅用に持ち帰るケースも多いという。

ニヘデビールからサンゴビールへ

もともと沖縄県民は、ＩＰＡのような苦味の利いたビールを口にする機会がほとんどなく、苦味の強いビールに対するマーケットは、ほぼ皆無であった。

我那覇さん自身、初めて飲んだ時には、それまで持っていたビールのイメージとの違いに少々戸惑ったそうだが、ビールを売るなら食とのマッチングが不可欠であると考え、沖縄食と相性のいい味のバランスを研究した。その結果、「私も今ではすっかりホップ中毒。家でも外でも、ＩＰＡばかり飲んでいますよ」と語るほどに。

『ニヘデビール』のラインナップは、現在４種類。黒ビールタイプの「ブラックエール」、コクのある香りが際立つ「ハードタイプ」、爽やかな喉越しで万人が飲みやすい「ソフトタイプ」、そしてホップの苦味が特徴的な「ＯＫＩＮＡＷＡ ＩＰＡ」である。こうしてラインナップを広げてきた背景には、地ビール喫茶におけるマーケティングが生きている。

「もともと『ニヘデビール』は、ハードとソフト、２種類のみで始まっています。それが

『ニヘデビール』自慢のラインナップ。地ビール喫茶では中庭の緑を眺めながらビールを味わうことができる

ある時、横浜でクラフトビール専門店を営むお客さんが、もっと商品の種類を増やしてはどうかと助言してくれました。そこで試しにいくつか造って反応を窺ってみた結果、ひときわ好評だった黒ビールを『ブラックエール』として商品化したんです。これが発売直後から売れて、実際にお客さんの生の反応を測定することの大切さを痛感しましたね」

その点、地ビール喫茶のように小回りの利く拠点を持つことは、生のデータを採取するのにうってつけ。少し遅れてラインナップに加わったＩＰＡも同様で、市場のニーズに素早く反応した結果の産物と言える。

ところで、長らく親しまれた『ニヘデビール』の名称は、実は間もなく消えてしまうことが決まっている。順調に浸透しつつあるネーミングだけに、惜しい気もするが……。

「沖縄の飲み水というのは、地下水をサンゴで出来た地盤から取水して使っています。これを〝サンゴ水１００％〟のビールとして全面に打ち出すことに決まり、それに合わせて商品名も『サンゴビール』に変更することになりました」

サンゴビールなのか、あるいは珊瑚ビールなのか、表記については本稿執筆時点でまだ検討中。これは２０１６年９月のリリースを楽しみにお待ちいただきたい。

なお、名称変更後も、ラインナップの４種類はそのまま。商品名以外のめぼしい変更点

「15年の苦労が報われ、『ニヘデビール』は今、絶好調です」と微笑む我那覇さん

としては、王冠ではなくプルトップ仕様を採用すること。これは王冠の縁で手を切るなどトラブルを考慮してのことだという。

本場イギリスに沖縄産ＩＰＡを輸出！

それにしても、これほど大規模な観光事業を展開する同社において、酒造事業はどのような位置づけにあるのだろうか。

「弊社が１９９０年に酒造事業を始めた際は、ハブ酒からスタートしています。これはハブの有効利用を目的とした事業で、ハブと泡盛という地場のものを活用して名物を作ろうという考えから生まれたものでした。しかし、沖縄というのは複数の国の文化が入り混じった地域ですから、純粋に地場のものだけにこだわるのは、かえって沖縄らしくないのではないかという意見が挙がり始めました。その意味でビールというのはうってつけだったんです」

思うように売り上げが伸びない時期もあったが、それでも現在、同社のビールはひとつの絶頂期を迎えつつある。それを象徴するように、昨年、「ＯＫＩＮＡＷＡ ＩＰＡ」が成城石井のＰＢ（プライベートブランド）に採用されている。これが今、本土で飛ぶように売れているのだ。

また、ある展示会ではこの「ＯＫＩＮＡＷＡ ＩＰＡ」が貿易会社の目に留まり、ＩＰＡの本場であるイギリスに輸出されるようにもなった。

「うちのＩＰＡは、わりと苦味を抑えていますから、向こうの人にとっても飲みやすいんでしょうね。ただ、ＩＰＡにおいて問題なのは、全国の酒造メーカーの間で今、ホップの奪い合いが激化していること。これには各社、頭を悩ませているはずですよ」

ＰＢ契約を結んでいる以上、在庫を切らすことはできない。こうなると、沖縄県内でいまひとつＩＰＡが伸びていない現実も、あながち悪いことではないかもしれないと、我那覇さんは苦笑いする。これも、嬉しい悲鳴というやつだろう。

沖縄県、そして日本すらも飛び越えて広がる快進撃。今後にも要注目である。

酒の世界の奥深さを伝える『ヘリオスビール』の挑戦

沖縄でクラフトビールを巡る旅。トリは、泡盛の古酒《こしゅ》『くら』や、沖縄産サトウキビを用いた『ヘリオスラム』などで知られるヘリオス酒造株式会社だ。

同社がビールの生産を開始したのは1996年のことで、ちょうど20周年を迎えたばかり。僕が取材に訪れた際は、その記念イベントの準備が進められている最中だった。まずは『ヘリオスクラフトビール』の始まりから聞いてみた。

「もともとうちは、酒税法改正前からビールの研究を進めていたんです。いくつかの清酒メーカーと一緒に、ドイツやベルギーを視察に訪れたこともありました。とくにドイツは、『ビールはその醸造所の煙突の見える範囲で飲め』と言われるくらい、各地域にたくさんのブルワリーが存在していますから、トータルで100箇所くらいまわったのではないでしょうか。どれも日本にはない個性的なビールばかりで興味深かったのですが、一箇所だけ、どうしても飲みきれないビールがあったのを思い出します。口に合わないなんてレベルではなく、まるでクサヤのように匂いがキツくて……。でも、その地域にはそれしかビールが存在しないわけですから、住民たちは皆、機嫌よく飲んでいる。ビールというの

名護市にあるヘリオス酒造本社は、要塞然とした趣ある佇まいで観光客の人気スポットに。酒造りの過程を詳しくガイドしてくれる

は本当に奥が深いものだなと痛感させられましたね」

そう振り返ってくれたのは、ヘリオス酒造の松田亮《まつだりょう》社長だ。その語り口が、根っからの酒好きであることを感じさせる。

実際、沖縄を代表する企業のトップでありながら、その人となりは経営者というより職人に近い印象で、解禁を受けてすぐにビール造りに本腰を入れたのも、なんだか妙に納得してしまう。

「国税が管轄する酒造免許というのは、運転免許のようにそれを〝許諾する〟目的のものではなく、免許を持たない者にそれを〝させない〟ためのものであるのが実情です。当時、ビールは6000キロリットル以上でなければ造れない縛りが設けられていたわけですが、これはうちの規模ではとても手が出せないハードルでした。そこで当初は、ドイツの醸造所に生産を委託する計画を立てていたんです。向こうからビールを輸入して、『ヘリオスクラフトビール』のラベルを貼って売り出そう、と。日本でビール造りが解禁されたのは、いくつかの醸造所と具体的に話を詰めていた矢先のことでした」

つまり、時の細川政権の英断がなければ、『ヘリオスクラフトビール』はドイツビールのOEMというかたちを採っていた可能性が高い。

もっとも、実際には品質をいかに管理するか、リーファーコンテナ（温度を一定に保つ機能を備えたコンテナ）の調達、コスト面をどうクリアするかといった問題はあっただろうが、自社製ビールの実現に燃えていた当時の松田さんのこと、きっと解決策を導き出していたに違いない。そんなパラレルワールドを想像してみるのも、ちょっと面白い。

当初は不評だったペールエール

松田さんが『ヘリオスクラフトビール』の構想を持ち始めた頃、その背景ではオリオンビールが順調に売上げを伸ばしていた。まだ発泡酒の台頭もなく、特別措置による減税の恩恵もあり、地元民や観光客を相手にビールを売りまくっていたのだ。

「ただ、オリオンビールが売れていたから自社でもやろう、ということではないんです。酒の奥深さを、もっと沖縄の人たちに伝えたい、その一心でした。きっかけとなったのは、私自身がペールエールに感銘を受けたことで、言うなれば〝俺の知るこのビールをみんなにも飲ませたい〟、そんな気持ちでしたね」

そこで松田さんは、酒税法が改正された直後、完全無濾過《むろか》のペールエールを試作して、社員一同で味見を行なうことに。ところが……。

「アメリカンタイプのビールなんて、沖縄ではまだ誰も飲んだことのない時代でしたから、ものすごいブーイングを喰らいましたよ（笑）。『社長、こんなもの売れませんよ』とか、『もうちょっと飲みやすいものはないんですか』といった声ばかりで、美味いと言ってるのは僕だけでした。そこで渋々、バイツェンとラガーも一緒に売ることにしたんです」

これが『ヘリオスクラフトビール』の始まりとなる。ちなみにこの時に開発されたバイツェンが、今日も主力商品のひとつとなっている、『青い海と空のビール』の原型である。麦芽100％のフルーティーなこのドイツビールは、果たして、よく売れた。同時期に投入されたラガーも、タイプ的に従来のビールと相違なく、自然に受け入れられた。

記念すべき20周年の歴史を経た『ヘリオスビール』。県外の沖縄料理店で見かける機会も多い

しかし、松田さん肝入りのペールエールだけが、なかなか市民権を得られずにいたという。

「私の模合《もあい》(注)仲間にも、ビール通を自認する連中がたくさんいましたが、彼らがペールエールに興味を示すことはなく、ひたすらラガーだけを飲み続けるばかり。彼らの言うビール通というのは、どうやら量をたくさん飲む人のことであって、私の考えるそれとは意味合いがちょっと違うのだなと感じましたね（苦笑）」

いわば、それが当時のビール市場の現実でもあったのだろう。

それでも、酒税法が改正されると多くの事業者が参入し、あたかもゴールドラッシュの

(注)模合……数人のグループで毎月お金を出し合い、それを順番に受け取る金銭相互扶助の習慣。

ごとく活気づいた日本のビール産業。次々にブルワリーが立ち上がり、あっという間に300社ほどにまで増加。クラフトビール市場は最初の黄金期を迎える。

それがほどなく淘汰の時期を迎えることは、本書でもここまでたびたび触れてきた歴史であるが、これはひとえに「過大な期待に原因があった」と松田さんは分析する。

「ビール市場が突然解放されたことで、様々な事業者が地域おこしなどを目的に地ビール開発に飛びつきましたが、もともと酒造をやっていた立場からすると、造ったビールを瓶詰めして売っても、そうそう利益を確保できるものではないんです。うちが96年まで2年ほど参入を保留していたのは、まさにそれが理由です」

造れば売れるかもしれないが、採算ベースに乗せるためには、酒税との綿密な折り合いが必要となる。ブームに飛びついた多くの事業者には、そのノウハウが致命的に不足しており、それが淘汰に繋がっていく。

「それでも、どうにか商売として成立させる方法はないかと考え続けた結果、パブを作って直売するしかないという結論に至ったんです」

効率良くビールを売るために、その売り場から作ってしまおうというのは、なんともダイナミックな発想だが、言葉を変えれば、そこまでしてでも『ヘリオスクラフトビール』

を実現したかったという心意気の表れでもある。現在も多くの観光客でにぎわう国際通りの『ヘリオスパブ』は、そんな松田さんの情熱の結晶なのだ。

なお、『ヘリオスパブ』では当初、店内に醸造機能を置き、ブルーパブとして運営していたが、その後の生産量の増加に合わせ、現在は名護《なご》市の工場に醸造設備を移している。こちらは泡盛やラムなどすべての製品開発を一手に行なう大規模な施設で、一般客の工場見学も受け付けている。酒好きならば、ぜひ一度は訪ねておくべきスポットと言えるだろう。

ゴーヤーの苦味をビールに活用

ヘリオス酒造の創業は1961年。地場のサトウキビを原料に、ラムの製造から幕を開けている。その後、ハブ酒や黒糖酒、泡盛といった蒸留酒の製造に事業を広げていくが、醸造酒はビールが初めてのことだった。

それでも、研究熱心で職人肌な松田さんは、ビールの試作を行なううちに、ほどなく〝勘所〟を掴む。

「実際にやってみると、ブルーイングというのは料理に近いな、と感じました。麦芽の抽出温度によって、微妙に味が変化する。奥が深くて難しい分野であるのは間違いないですが、その匙加減の妙は、まるで卵料理のよう。腕のいい料理人なら、きっと美味しいビールが造れるのではないかと思いました」

それは自ら手を動かし、試行錯誤すればこその所感だが、そんな姿勢が、現在の看板商品である『ゴーヤーDRY』という斬新な発想に繋がっていく。

「ビールそのものはメソポタミア時代から造られていますが、ホップが使われるようになったのは比較的最近のことです。ホップ以前はハーブの類いが使われていたそうですから、ゴーヤーを使うのはさほど不自然ではないと考えたんです。発売当初は奇抜な組み合わせと面白がられましたが、苦味のある天然の素材と考えれば、ゴーヤーを使ってはいけない理由などひとつも見当たりません。地元の食材で酒を造ろうという先代からの方針もありますし、すぐに試作を始めました」

果たして、ゴーヤーを使ったビールの開発には2年を要したといい、最初に出来上がった試作品は「緑色の濃い、罰ゲームのような味だった」と松田さんは笑いながら振り返る。

「ホップとゴーヤーの違いは何かというと、ホップはハーブの一種ですから、飲んだ瞬間に苦味が来る。これに対してゴーヤーは野菜なので、飲んだ後に苦味が来る。つまり、両方を材料に使った『ゴーヤーDRY』は、ずっと苦味の余韻が残り続ける特徴があるんで

こちらは限定品の「ウイスキーバレルエイジエクスペリメンタル」。ウイスキー樽で寝かせた香り高いビールだ

す」

　そうした苦味のリレーは、実際に味わってみると明確で、実に絶妙なところでバランスが保たれているのがわかる。

　ゴーヤーのイメージにさえ囚われ過ぎなければ、世のビール党とこれほど相性のいい組み合わせもないだろう。

20年の時間をかけて、ブームは定着した人気に

　ともあれ、そんな創意工夫を重ねながら、同社はクラフトビールの世界を20年にわたってサバイブしてきた。松田さんの目には、再び訪れた昨今のクラフトビールブームは、どのように映っているのだろうか？

「ブームというよりも、だいぶ定着してきた印象を受けますね。むしろ、ここに至るまでに

20年かかったことが不思議です。解禁前に、アメリカのコロラド州にあるビール工場に滞在していたことがあるのですが、当時はアメリカもクアーズやバドワイザーといった、日本のビール以上に水っぽいものが好まれる市場でありながら、クラフトビールがぐんぐん伸びている最中でした。これはきっと、数年遅れで同じ現象が日本でも起こるはずだと思っていたけど、解禁後も決してそうはならなかった。原因はいくつか考えられますが、門外漢の事業者が造るビールに、コンタミ（実験汚染。原料以外の異物の混入）が多く、消費者を満足させる品質に到達しなかったことが大きいでしょうね」

それが現在は、クラフトビールの美味しさや醍醐味は、しっかりとファンに伝わったはずだと松田さんは言う。

「言ってみれば、クラフトビールはマイナスからのスタートで、それがゼロに戻り、そして今、プラスに転じている状況です。20年かかりましたが、現在の人気は当面、このまま続くのではないでしょうか」

そのポジティブな言葉を、1人のクラフトビール愛好家として何よりも心強く思うばかりだ。

ビールをクラフト！体験記⑩

ついに完成！　さて、お味のほうは……。

瓶内発酵の完了は、ペットボトルの脇を指で押してみて、その硬さで判断する。つまり、炭酸ガスがしっかり充填されていると、ボトルがぱんと張るわけだ。

このあたりは気温やビールの種類によるようだが、僕の場合は2週間ほど我慢して、試しに1本、冷却スタート。その際軽く振ってみると、中で少しシュワっとしたのが嬉しかった。

一昼夜冷やして、いざ開栓。度数もしっかり1%未満であることを確認し、グラスに注いでみる。泡立ちは今ひとつだが香りはいい。こんなものなのかな？

ひとくち含む。端的に、美味い（気がする）。麦の香りが強く、キンと冷えているから誤魔化されているだけかもしれないが、まあ飲める。澱が残り過ぎているのは反省点。

これが居酒屋で出てきたら「うーん」となる可能性もあるけれど、手塩にかけて育てた我が子は、やっぱり贔屓目が勝ってしまう。つまりそれだけでも造った甲斐があるわけで、1人のビール党として、これは非常に楽しい体験だった。次は、文句なしに快哉を叫べるような美味いビールを目指したい。まだ僕のホームブルーイングは始まったばかりなのだ。　（つづく）

飯能市で幕を開ける『カールバーン・ブルワリー』の果敢な挑戦

埼玉県飯能市・株式会社FAR EAST

――ちょうど、これからブルワリーを立ち上げようとしている人物がいるんです。せっかくですから、お話を聞かれてみてはいかがですか？

本書の執筆を始める直前、都内の和酒バーで、次の題材はクラフトビールだと告げたら、店主の方からそう声をかけられた。たしかに、ブルワリーを造る準備段階なんて、なかなか立ち会えるものではないだろう。

聞けば、すでに埼玉県の一角に用地を調達済みで、まさにこれからブルワリーを建設し、同時に麦やホップの栽培を進めるところだという。当然、一も二もなくこのお誘いに飛びついた次第だが、いざアポイントを取ってみて驚いた。

お相手は、渋谷ヒカリエや二子玉川《ふたこたまがわ》ライズをはじめ、全国のショッピングスポットで人気を博すオーガニックショップ、「ファーイーストバザール」を展開する株式会社FAR EASTで、取材に応じてくれたのは、そのトップである佐々木敏行《ささきとしゆき》社長だった。

同社は埼玉県飯能《はんのう》市に本社機能を置き、全国のショップ運営はもちろん、世界21カ国との貿易事業を行なっている。「ファーイーストバザール」で扱うドライフルーツやナッツなどの商品は、自社で直接、発展途上国などから買い付けたものだ。

農場経営も事業のひとつで、近年はとりわけ農業部門にリソースを注いでいるという。新たな取り組みの一環として、お膝元である飯能市内で麦やホップ、葡萄《ぶどう》などを無農薬で栽培し、ワイナリーやブルワリーの機能を備えたレストランを立ち上げようというのが、今回の計画の全容だ。

聞けば、ワイナリーの実現こそもう少し時間を要するようだが、すでに葡萄の栽培に着手。ブルワリーについては、許認可関係が順当に進むことを前提に、半年以内のオープンを目指しているという。

飯能初の地ビールで地域おこしを

まず佐々木さんが案内してくれたのは、すでに整地が済んで更地となっているレストラン予定地だった。

飯能河原と呼ばれる市内随一の景勝地で、河川敷を見下ろす崖に面した、見晴らしのいい一等地。なるほど、ここにレストランを置いて地ビールを提供すれば、さぞ話題になるだろうと、即座に腑に落ちる景観だ。

「うちの社訓はON THE EDGE（崖っぷち）ですから、その意味でもちょうどいい立地です」と佐々木さんは笑うが、これはリスクを恐れず共に歩こうという意味が込めら

飯能河原を見下ろす断崖絶壁で、2016年秋のオープンを目指し、レストラン建設が進められている

れたもので、何事も体当たりで結果を手繰り寄せてきた佐々木さん自身の体験に基づく社訓である。

「ここにブルワリーとレストランを置き、秋にはその宣伝を兼ねて、下の河原でオクトーバーフェストを催《もよお》そうと計画しています。それも、うち一社のビールだけでやるんです。すでに河原の使用許可など、手配も進めているんですよ」

眼下を流れるのは入間川《いるまがわ》で、休日ともなればここで多くの家族連れがキャンプやバーベキューに講じる、飯能の人気スポットとなっている。最寄りの飯能駅から歩いて15分。都心からでも1時間強というアクセスの良さも、この敷地を選んだ決め手のひとつだという。

そもそも、これほどの好立地が確保できたのには、実はちょっとしたいわくがある。

この用地にはその昔、婚礼施設が建っており、多くの飯能市民が晴れの門出を迎え、また、それを祝ったためでたい場所だった。ところが経営難で破綻すると、その建物を反社会的勢力が占有することに。

おかげで市民にとっては、長らくおいそれとは近寄れない場所柄だったそうだが、数年前に地元の金融機関が一念発起し、この土地の買い取りに成功。

市民の手に取り戻されたこの絶好のロケーションを、ではどのように活用するかと議論が重ねられたところに、貿易から農業まで幅広く手掛ける株式会社ＦＡＲ ＥＡＳＴにお鉢が回ってきたのだという。

つまり、今回のブルワリー建立計画は、市民と自治体の期待を一身に背負った地域おこしの一環なのだ。佐々木さんは消滅可能性都市に指定された飯能市を再生させるため、ここにレストランを設置することで、人の流れを呼び込もうと考えた。

さらに将来的に、地産の原材料を使って酒を造ることができれば、市内の農業も活性化するし、新たな雇用も創出できる。これは景観や農業といった土地のポテンシャルをフルに生かした、壮大な街づくり構想なのである。

〝できない理由〟は口にしない

若かりし頃、世界中を放浪した経験を持つ佐々木さん。発展途上国を中心に14カ国をまわり、27歳で日本に戻ってきた際には、ものの考え方が一変していたと振り返る。

「様々な土地の文化や風習に触れたおかげで、本当に大切なものは何かを考えさせられました。日本に戻って違和感を覚えたのは、何かに手をつける際に、まず〝できない理由〟を挙げようとする人が多いこと。たとえばネパールの路上で怪しげな軟膏を売っていた少年は、僕が『こんなの、買う人いるの？』と尋ねると、不思議そうな顔で『売ることしか考えていない』と言いました。売れなかったらどうしよう、なんて思考は皆無なんです。そして、『だから買ってくれ』と、まったく疑いのない目で言う。この言葉がなぜか心に深く突き刺さり、日本人はこれほど恵まれていながら、なぜ〝できない理由〟ばかり並べ立てるのか、大いに疑問を感じるようになりました」

以来、佐々木さんは〝できない理由〟は口にしないと心に決めた。

帰国後、露天商から始めて商売の勘所を掴むと、その後、世界を見て回った経験を生かして貿易会社を設立。それが今日のように大きく育ったプロセスはまた別の物語だが、その背景にはこうしたモットーが大きく作用しているはずだ。

そして、株式会社FAR EASTが貿易会社であることは、今回の主題であるブルワリーの立ち上げにおいても、大きな意味を持っている。

「多くのブルワリーは商社を介してホップや麦を輸入しているため、どうしても似たような品種に偏りがちです。その点、うちは自社で質のいい原材料を見つけて取り寄せられますから、他社とはまた違ったお酒が造れるはず。行く行くは飯能で栽培したホップの使用を目指しているわけですが、そのために海外からいくつか苗を取り寄せて、この土地の気候に合う品種を探しているところです」

このプロジェクトを推し進めるために、最近新たに農業部を創設した。苗を植えたばかりのホップ畑も見学させてもらったが、農家の多い飯能でも前例がないだけに、手探りの状態が続いているという。

しかし、「できるわけがない」とは思っていない。「なんとかする」の精神で、飯能産ホップの実現へ邁進している真っ最中だ。

なお、ブルワリーの名称は、『カールバーン・ブルワリー』に決まっているという。カールバーンとはキャラバンの語源とされる言葉だそうで、隊商《たいしょう》の意。海外放浪で醸成《じょうせい》された佐々木さんのイズムに牽引《けんいん》される同社にぴったりである。

ホップの生育状況をチェックする髙島さん。チヌークやナゲットなどの品種がとりわけ順調だという

その、ホップの苗が育ち始めた頃を見計らい、梅雨入りを目前に控えた時期に、再び同社のホップ畑を見学させてもらった。

12種類のホップの中には、すでに2メートルほどに成長しているものもあり、計画が順調に進んでいる様子が窺える。ただし、「ホップは気温が35度を超えると成長が止まると言われているので、これからの季節は油断できません」と、案内してくれた農業部の髙島《たかしま》愛《あい》さんは語る。

髙島さんは前職がアフリカンダンスのインストラクターであったという変わり種。大学時代には本場・ギニア共和国に渡ってダンス修行を積んだ本格派で、この経験が意外なかたちで農業部の仕事に生きている。

「アフリカはもともと文字を持たない文化だったため、体の動きや口頭伝承でメッセージを伝えてきた歴史があるんです。たとえば農耕に関する知恵を表現するダンスもあります。麦踏みをする時、そのリズムでステップを踏むと、案外しっくりいくことに気がついて、自分なりに楽しみながら農業に取り組んでいます」

当初は出身地である大阪の店舗にアルバイトとして採用され、後に社員登用。店長職も経験した。そして農業部に異動して、飯能に移住してきたのはほんの数カ月前のこと。

つまり『カールバーン・ブルワリー』立ち上げのための戦力として招聘された立場で、高島さん自身、「今はこの農園が、ダンスに代わる自己表現の場だと考えています」と張り切っている。

前代未聞!? 無農薬でのホップ栽培に挑戦

そしてもう一人、この農園事業のキーマンとなるのが、農業部部長の田辺寛雄《たなべひろお》さんだ。流通から農場管理まで、農業に関する豊富な知見《ちけん》を持って田辺さんが株式会社ＦＡＲ ＥＡＳＴにジョインしたのは1年前である。

「麦はともかく、気候に左右されやすいホップや葡萄を育てるのは、やはり簡単ではありません。まして、農薬を使わずにやろうとしているわけですから、なおさらです。しかしこれも、〝何でも自分でやってみて知見を積む〟という、会社の方針に則った作業だと思っています」

無農薬でのホップ栽培は、国内でもかなりのレアケース。飯能という土地がホップ栽培に適しているのかどうかすら、前例がないのでわからない。しかし田辺さんは、「それでもトライするのが、うちの社長の面白いところです」と笑う。

「かつては長野県や山梨県でもホップが栽培されていたそうですが、気候の変化で温暖になり、ホップ栽培の中心は東北に移動しています。しかし、現在も小規模ながら伊豆や京都で栽培している例がありますから、埼玉でもきっとできるはず。かなりハードルの高いチャレンジですけどね」（田辺さん）

問題は、やはり無農薬という制約だ。しかし、難しい挑戦だからこそ、実を結んだ時には大きなリターンが得られるだろう。ここ飯能で無農薬ホップの安定供給が実現すれば、業界はあっと驚くに違いない。それは『カールバーン・ブルワリー』の大成功を意味してもいるはずだ。

当面はまず、品質の安定を重視し、麦もホップも輸入品で賄う予定。すでにブルワーも確保済みで、ビールの試作を始めている。そして将来的には自社以外の農家も巻き込んで、

農作業にあたる田辺さん(左)と髙島さんの息はぴったり。時には「笑いすぎて作業が進まないこともある」とか

地産地消型のブルワリーを目指すことになる。

現在、農園管理は田辺さんが主導し、それを髙島さんがサポートしている。『カールバーン・ブルワリー』がオープンを迎えた暁には、髙島さんが店頭スタッフの陣頭指揮を取ることになる予定だという。

「私自身、すごくワクワクしています。ビールだけでなく店内でピザを焼き、コーヒー豆を焙煎するなど、これまでにない魅惑的な空間になるはず。お客さんの反応に直接触れられるのが、今から楽しみでなりません」(髙島さん)

彩の国の南西から、とびきり新しい風が吹こうとしている。

【巻末付録】クラフトビール用語集

■**アルファ酸**
ホップに含まれる苦味成分。

■**アルト**
低温で熟成させた、上面発酵製法のビール。

■**アロマホップ**
精油成分を含んだホップ。

■**IBU**（International Bitterness Units）
苦味の度合いを表す指標で、一般的にホップの使用料が多いものや、ホップを煮込む時間が長いほどこの数値は高くなる。

■**エアレーション**
ビール醸造の行程で行なわれる、麦汁に空気を混ぜ、酸素を溶けこませる作業。ビールを理想的に発酵させるためには、十分な酸素が必要となる。

■**エイジング**
発酵した麦汁を寝かせ、熟成させる行程のこと。

■**SRM**（Standard Reference Method）
ビールの色の濃淡を表す尺度。数字が大きいほど色の濃いビールとなる。

■**エール**
タンク内で液面の上のほうで酵母が活動する、上面発酵によって造られるビール。20度前後で、比較的短期間で発酵させる。できあがったビールは、フルーティーな香りを伴うのが特徴。

■**カーボネーション**
炭酸ガスをビールに定着させる行程。発酵中に自然にガスを発生させたものを「ナチュラルカーボネーション」と呼び、ガスを人工的に溶け込ませたものを「強制カーボネーション」と呼ぶ。

■**クラフトビール**
醸造家の手によって小規模生産されるビールのこと。

■**ケグ**
生ビールを詰める樽。ステンレス製の物が一般的で、上部に注ぎ口が設けられている。

■**ケルシュ**
ドイツ産の淡色ビール。

■**コンディショニング**
ビール醸造の行程で、炭酸ガスを発生させる作業のこと。

■**タップ**
飲食店に設置されるビールサーバーの注ぎ口。ビールサーバーに繋がっている状態を「オンタップ」と呼び、瓶ビールや缶ビールと区別する。

■地ビール
各地域の特色を押し出して設計されたクラフトビール。観光土産として提供されるものを意味することが多い。

■ドライホップ
通常の行程では、麦汁を煮詰める段階で投入するホップを、最後の二次発酵の段階でビールに漬け込む手法のこと。ホップに熱を加えないため、強い香りを演出することができる。

■パイントグラス
ビール用のグラス。1パイントの容量はイギリスとアメリカで異なり、UKパイントは568㎖、USパイントは473㎖。

■バッチ
1度の仕込みで造られる量を意味する単位。設備によりその容量は変わる。

■ブルワリー
ビール工場。

■ブルワー
ビールを醸造する職人。

■ブルーマスター
ブルワーの中の責任者。

■フレーバー
ビールに加えられる香りや味わいの素。

■ヘッド
グラスに注がれたビールの泡。きめ細かい泡が長く保たれるほど、良質のビールとされる。

■ホップ
ビールの主原料の1つで、苦味の元となるアサ科のつる性多年草。

■ホームブルーイング
自宅でビール造りを行なうこと。なお、現在の日本の酒税法では、家庭でアルコール度数1％以上のものを造ることは禁じられている。

■ラガー
タンク内で液面の下のほうで酵母が活動する、下面発酵によって造られるビール。10度以下で、ゆっくり発酵させる。できあがったビールは、シンプルなすっきりタイプで、日本の大手メーカーが提供してきたのは主にこのタイプ。

あとがき

ビール造りの何たるかを知るために、ここはひとつ、実際に自分でもビールを仕込んでみよう――。今回の取材を始めるにあたり、そう決意して取り組んだ顛末は、本書に収録したコラムに綴《つづ》った通りである。

すべての取材を終えた今、結果的にこれは大成功だったと実感している。

といっても、たった一度のホームブルーイングでビール造りのいろはを知ったつもりはないし、誰もが喜ぶ美味しいビールが仕上がったわけでもない。ビール造りがいかに難しいものかを、身をもって知れたことだけが収穫だった。

しかし、訪ねた先で「実はいま、自分でも造ってみてるんですよ」と口にするたびに、ブルワーたちは皆、嬉しそうな顔を見せてくれた。いずれも心に残る笑顔であり、それは自分と同じスタート地点に立った者を、同好《どうこう》の士《し》として歓迎してくれたようでもあった。

その瞬間、何よりも強く感じられたのは、誰もがビール造りを心から楽しみ、愛しながらこの仕事に就いているということだ。

北海道から沖縄まで、クラフトビールの造り手や仕掛け人を訪ねてまわる旅は、ただひたすらに愉快で興味深く、ひとりの取材者として実り多きものだった。

その一方で、本来はビール専業ではなく、時に戦争遺跡に潜入したり未確認生物を追っかけたりもしている雑食派ライターとしては、聖域に土足で踏み込むような不快感を相手に与えやしないかと、内心びくびくしながらの取材行でもあった。

だからこそ、ブルワーたちのその寛大な笑顔に、癒やされた機会は数知れない。結果、本書の執筆を粗方終える頃になると、僕はいっそうビールが好きになっていた。

猛暑が予想されている今夏。しかし、クラフトビール愛好家にとって、それは恐れるべきものではない。むしろ、暑さはビール愛をとことん燃やす薪《たきぎ》であると割り切ろう。きっと、最高に美味しい夏が待っているはずだ。

最後になりましたが、今回の取材にご協力いただいたすべての方と、知恵を拝借した関係者の皆さんに、心よりの御礼を申し上げます。

2016年6月吉日

友清 哲

イースト新書Q

Q019

日本《にほん》クラフトビール紀行《きこう》

友清《ともきよ》 哲《さとし》

2016年7月20日　初版第1刷発行

イラスト	和田　誠(pisfactory)
編集	田中彩乃
発行人	北畠夏影
発行所	株式会社イースト・プレス 東京都千代田区神田神保町2-4-7 久月神田ビル　〒101-0051 tel.03-5213-4700　fax.03-5213-4701 http://www.eastpress.co.jp/
ブックデザイン	福田和雄(FUKUDA DESIGN)
印刷所	中央精版印刷株式会社

ISBN978-4-7816-8019-4